编审人员

主　　编　李　锋　董彩军（南通科技职业学院）

编写人员　朱义忠（江苏全益食品有限公司）

陈　云（南通科技职业学院）

李景军（江苏长寿集团）

华海霞（南通科技职业学院）

石　鑫（江苏全益食品有限公司）

凌　芝（南通科技职业学院）

苏爱梅（南通科技职业学院）

吴海燕（南通科技职业学院）

主　　审　邵元健（南通科技职业学院）

序　言

工学结合人才培养模式经由国内外高职高专院校的具体教学实践与探索，越来越受到教育界和用人单位的肯定和欢迎。国内外职业教育实践证明，工学结合、校企合作是遵循职业教育发展规律，体现职业教育特色的技能型人才培养模式。工学结合、校企合作的生命力就在于工与学的紧密结合和相互促进。在国家对高等应用型人才需求不断提升的大环境下，坚持以就业为导向，在高职高专院校内有效开展结合本校实际的“工学结合”人才培养模式，彻底改变了传统的以学校和课程为中心的教育模式。

《全国高职高专规划教材——工学结合教材》丛书是一套高职高专工学结合的课程改革规划教材，是在各高等职业院校积极践行和创新先进职业教育思想和理念，深入推进工学结合、校企合作人才培养模式的大背景下，根据新的教学培养目标和课程标准组织编写而成的。

本套丛书是近年来各院校及专业开展工学结合人才培养和教学改革过程中，在课程建设方面取得的实践成果。教材在编写上，以项目化教学为主要方式，课程教学目标与专业人才培养目标紧密贴合，课程内容与岗位职责相融合，旨在培养技术技能型高素质劳动者。

前　言

本教材紧密结合我国农业产业结构调整的实际情况，反映国内外肉制品加工学科发展的前沿动态，适应素质教育和创新能力培养的要求，本着科学性、针对性、实用性、实践性的原则，突出理论与实践相结合，体现了新知识、新技能的应用。主要阐述了肉制品加工的基本理论，肉制品的初、深加工技术，随着肉品加工业的快速发展，新技术、新产品的不断涌现，新标准、新规范的更新制定，特别是在食品行业迅猛发展的同时，食品安全问题也越来越被人们所关注。因此，在教材中增加了相关内容。相信这本教材的出版对相关学科的教学改革会起到积极的推动作用，同时也对改善学生的知识结构、提高教学质量有重要作用。

在编写中特别注重教材的系统性，避免课程教学内容的重复；针对肉制品加工实践性强的特点，本教材加大了实训内容，突出可操作性，理论教学和实训教学比例为1∶1，以适应高等职业教育教学的特点。在内容的排序上，按照知识及技能的循序渐进，便于学生能够系统性和完整性地学习知识和掌握技能。在写作方式上，力求教材能启发学生的主动思考能力，培养学生的创新思维能力，充分考虑学生的认知顺序，使其符合教学的客观规律。在内容表达上力求文字简练规范，语言通俗易懂，图文并茂，便于学生理解和掌握。

编　者　李　锋

2018.7

目 录

理论知识

典型肉制品生产模块

实训指导

理论知识

模块一　肉的结构及性质

任务一　肉的形态结构

一、肉的概念

肉是指各种动物宰杀后所得可食部分的总称，包括肉尸、头、血、蹄和内脏部分。在肉品工业中，按其加工利用价值，把肉理解为胴体，即畜禽经屠宰后除去毛（皮）、头、蹄、尾、血液、内脏后的肉尸，俗称白条肉，它包括肌肉组织、脂肪组织、结缔组织和骨组织。肌肉组织是指骨骼肌而言，俗称“瘦肉”或“精肉”。胴体因带骨又称为带骨肉，肉剔骨以后称为净肉。胴体以外的部分统称为副产品，如胃、肠、心、肝等称为脏器，俗称下水。脂肪组织中的皮下脂肪称为肥肉，俗称肥膘。

在肉品生产中，把刚宰后不久的肉称为“鲜肉”；经过一段时间的冷处理，使肉保持低温而不冻结的肉称为“冷却肉”；经低温冻结后的肉则称为“冷冻肉”；按不同部位分割包装的肉称为“分割肉”；将肉经过进一步地加工处理生产出来的产品称为“肉制品”。

二、肉的形态结构

肉（胴体）是由肌肉组织、脂肪组织、结缔组织和骨组织四大部分构成。这些组织的结构、性质直接影响肉品的质量、加工用途及其商品价值。

（一）肌肉组织

肌肉组织，又称骨骼肌，是构成肉的主要组成部分，可分为横纹肌、心肌、平滑肌三种，占胴体 50%～60%，具有较高的食用价值和商品价值。

1．肌肉组织的宏观结构

肌肉由许多肌纤维和少量结缔组织、脂肪组织、腱、血管、神经、淋巴等组成。从组织学看，肌肉组织由丝状的肌纤维集合而成，每 50～150 根肌纤维由一层薄膜所包围形成初级肌束。再由数十个初级肌束集结并被稍厚的膜所包围，形成次级肌束。由数个次级肌束集结，外表包着较厚的膜，构成了肌肉。

2．肌肉组织的微观结构

构成肌肉的基本单位是肌纤维，也叫肌纤维细胞，属于细长的多核的纤维细胞，长度由数毫米到 20 cm，直径只有 10～100 μm。在显微镜下可以看到肌纤维细胞沿细胞纵轴平行的、有规则排列的明暗条纹，所以称为横纹肌，其肌纤维由肌原纤维、肌浆、细胞核和肌鞘构成。

肌原纤维是构成肌纤维的主要组成部分，直径为 0.5～3.0 μm。肌肉的收缩和伸长就是由肌原纤维的收缩和伸长所致。肌原纤维具有和肌纤维相同的横纹，横纹的结构是按一定周期重复，周期的一个单位叫肌节。肌节是肌肉收缩和舒张的最基本的功能单位，静止时的肌节长度约为 2.3 μm。肌节两端细线状的暗线称为 Z 线，中间宽约 1.5 μm 的暗带称为 A 带，A 带和 Z 线之间是宽约为 0.4 μm 的明带称为 I 带。在 A 带中央还有宽约 0.4 μm 的稍明的 H 区。形成了肌原纤维上明暗相间的现象。

肌浆是充满于肌原纤维之间的胶体溶液，呈红色，含有大量的肌溶蛋白质和参与糖代谢的多种酶类。此外，尚含有肌红蛋白。由于肌肉的功能不同，在肌浆中肌红蛋白的数量不同，这就使不同部位的肌肉颜色深浅不一。

（二）脂肪组织

脂肪组织是仅次于肌肉组织的第二个重要组成部分，具有较高的食用价值。对于改善肉质、提高风味均有影响。脂肪在肉中的含量变动较大，取决于动物种类、品种、年龄、性别及肥育程度。

脂肪的构造单位是脂肪细胞，脂肪细胞或单个或成群地借助于疏松结缔组织联结在一起。细胞中心充满脂肪滴，细胞核被挤到周边。脂肪细胞外层有一层膜，膜由胶状的原生质构成，细胞核位于原生质中。脂肪细胞是动物体内最大的细胞，直径为 30～120 μm，最大者可达 250 μm，脂肪细胞越大，里面的脂肪滴越多，因而出油率也越高。脂肪细胞的大小与畜禽的肥育程度及不同部位有关。如牛肾周围的脂肪直径肥育牛为 90 μm，瘦牛为 50 μm；猪脂肪细胞的皮下脂肪直径为 152 μm，而腹腔脂肪为 100 μm。脂肪在体内的蓄积，依动物种类、品种、年龄、肥育程度不同而异。猪多蓄积在皮下、肾周围及大网膜；羊多蓄积在尾根、肋间；牛主要蓄积在肌肉内；鸡蓄积在皮下、腹腔及肠胃周围。脂肪蓄积在肌束内最为理想，这样的肉呈大理石样，肉质较好。脂肪在活体组织内起着保护组织器官和提供能量的作用，在肉中脂肪是风味的前提物质之一。

脂肪组织的成分，脂肪占绝大部分，其次为水分、蛋白质以及少量的酶、色素和维生素等。

（三）结缔组织

结缔组织是肉的次要成分，在动物体内对各器官组织起到支撑和连接作用，使肌肉保持一定弹性和硬度。结缔组织由细胞、纤维和无定形的基质组成。细胞为成纤维细胞，存在于纤维中间；纤维由蛋白质分子聚合而成，可分胶原纤维、弹性纤维和网状纤维三种。

1. 胶原纤维

胶原纤维呈白色，故称白纤维。纤维呈波纹状，分散存在于基质内。纤维长度不定，粗细不等；直径 1～12 μm，有韧性及弹性，每条纤维由更细的胶原纤维组成。胶原纤维主要由胶原蛋白组成，是肌腱、皮肤、软骨等组织的主要成分，在沸水或弱酸中变成明胶；易被酸性胃液消化，而不被碱性胰液消化。

2. 弹性纤维

弹性纤维色黄，故又称黄纤维。有弹性，纤维粗细不同而有分支，直径 0.2～12 μm。在沸水、弱酸或弱碱中不溶解，但可被胃液和胰液消化。弹性纤维的主要化学成分为弹性蛋白，在血管壁、项韧带等组织中含量较高。

3. 网状纤维

网状纤维主要分布于疏松结缔组织与其他组织的交界处，如在上皮组织的膜中、脂肪组织、毛细血管周围，均可见到极细致的网状纤维，在基质中很容易附着较多的黏多糖蛋白，可被硝酸银染成黑色，其主要成分是网状蛋白。

结缔组织的含量取决于年龄、性别、营养状况及运动等因素。老龄、公畜、消瘦及使役的动物其结缔组织含量高；同一动物不同部位也不同，一般来讲，前躯由于支持沉重的头部而结缔组织较后躯发达，下躯较上躯发达。羊肉各部位的结缔组织含量见表 1-1。

表 1-1 羊胴体各部位结缔组织含量

部 位	结缔组织含量/%	部 位	结缔组织含量/%
前肢	12.7	后肢	9.5
颈部	13.8	腰部	11.9
胸部	12.7	背部	7.0

结缔组织为非全价蛋白，不易被消化吸收，能增加肉的硬度，降低肉的食用价值，可以用来加工胶冻类食品。牛肉结缔组织的吸收率为 25%，而肌肉的吸收率为 69%。由于各部位的肌肉结缔组织含量不同，其硬度不同，剪切力值也不同。

肌肉中的肌外膜由含胶原纤维的致密结缔组织和疏松结缔组织组成，还伴有一定量的弹性纤维。背最长肌、腰大肌、腰小肌这三种纤维都不发达，肉质较嫩；半腱肌这三种纤维都较发达，肉质较硬；股二头肌外侧弹性纤维发达而内侧不发达；颈部肌肉胶原纤维多而弹性纤维少。肉质的软硬不仅决定于结缔组织的含量，还与结缔组织的性质有关。老龄家畜的胶原蛋白分子交联程度高，肉质硬。此外，弹性纤维含量高，肉质就硬。由于各部位肌肉结缔组织含量不同，其硬度也不同，见表 1-2。

表 1-2　牛肉 105℃煮制 60 min 的硬度

肌　肉	胶原蛋白含量/%	剪切力值/kPa	肌　肉	胶原蛋白含量/%	剪切力值/kPa
背最长肌	12.64	220	前臂肌	14.46	260
半膜肌	11.22	230	胸肌	20.26	260

（四）骨组织

骨组织是肉的次要部分，食用价值和商品价值较低，在运输和贮藏时要消耗一定能源。成年动物骨骼的含量比较恒定，变动幅度较小。猪骨约占胴体的 5%～9%，牛占 15%～20%，羊占 8%～17%，兔占 12%～15%，鸡占 8%～17%。

骨由骨膜、骨质和骨髓构成，骨膜是由结缔组织保卫在骨骼表面的一层硬膜，里面有神经、血管。骨骼根据构造的致密程度分为密质骨和松质骨，骨的外层比较致密坚硬，内层较为疏松多孔。按形状又分为管状骨和扁平骨，管状骨密质层厚，扁平骨密质层薄。在管状骨的管骨腔及其他骨的松质层空隙内充满有骨髓。骨髓分为红骨髓和黄骨髓。红骨髓含的化学成分，水分占 40%～50%，胶原蛋白占 20%～30%，无机质约占 20%。无机质的成分主要是钙和磷。

将骨骼粉碎可以制成骨粉，作为饲料添加剂，此外还可熬出骨油和骨胶。利用超微粒粉碎机制成骨泥，是肉制品的良好添加剂，也可用作其他食品以强化钙和磷。

任务二 肉的理化性质

一、肉的化学性质

肉的化学组成主要是指肌肉组织中的各种化学物质，包括有水分、蛋白质、脂类、碳水化合物、含氮浸出物及少量的矿物质和维生素等（表 1-3）。

表 1-3 畜禽肉的化学组成

名称	含量/%					热量/（J/kg）
	水 分	蛋白质	脂 肪	碳水化合物	灰 分	
牛 肉	72.91	20.07	6.48	0.25	0.92	6 186.4
羊 肉	75.17	16.35	7.98	0.31	1.92	5 893.8
肥猪肉	47.40	14.54	37.34	—	0.72	13 731.3
瘦猪肉	72.55	20.08	6.63	—	1.10	4 869.7
马 肉	75.90	20.10	2.20	1.33	0.95	4 305.4
鹿 肉	78.00	19.50	2.25	—	1.20	5 358.8
兔 肉	73.47	24.25	1.91	0.16	1.52	4 890.6
鸡 肉	71.80	19.50	7.80	0.42	0.96	6 353.6
鸭 肉	71.24	23.73	2.65	2.33	1.19	5 099.6
骆驼肉	76.14	20.75	2.21	—	0.90	3 093.2

（一）水分

水是肉中含量最多的成分，不同组织水分含量差异很大，其中肌肉含水量为70%～80%，皮肤为 60%～70%，骨骼为 12%～15%。畜禽越肥，水分的含量越少，老年动物比幼年动物含水量少。肉中水分含量多少及存在状态影响肉的加工质量及贮藏性。肉中水分存在形式大致可分为结合水、不易流动水、自由水三种。

1. 结合水

肉中结合水的含量，大约占水分总量的 5%。通常在蛋白质等分子周围，借助分子表面分布的极性基团与水分子之间的静电引力而形成的一薄层水分。结合水与自由水的性质不同，它的蒸气压极度低，冰点约为−40℃，不能作为其他物质的溶剂，不易受肌肉蛋白质结构或电荷的影响，甚至在施加外力条件下，也不能改变其与蛋白质分子紧密结合的状态。通常这部分水分分布在肌肉的细胞内部。

2. 不易流动水

约占总水分的 80%。指存在于纤丝、肌原纤维及膜之间的一部分水分。这些水分能溶解盐及溶质，并可在−1.5～0℃下结冰。不易流动水易受蛋白质结构和电荷变化的影响，肉的保水性能主要取决于此类水的保持能力。

3. 自由水

指能自由流动的水，存在于细胞外间隙中能够自由流动的水，约占水分总量的 15%。

（二）蛋白质

肌肉中除水分外主要成分是蛋白质，占 18%～20%，占肉中固形物的 80%，依其构成位置和在盐溶液中溶解度可分成以下三种，即肌原纤维蛋白质、肌浆蛋白质、肉基质蛋白质。

1. 肌原纤维蛋白质

肌原纤维是肌肉收缩的单位，由丝状的蛋白质凝胶所构成。肌原纤维蛋白质的含量随肌肉活动量的增加而增加，并因肌肉活动量的静止或萎缩而减少。而且，肌原纤维中的蛋白质与肉的某些重要品质特性（如嫩度）密切相关。肌原纤维蛋白质占肌肉蛋白质总量的 40%～60%，它主要包括肌球蛋白、肌动蛋白、肌动球蛋白和 2～3 种调节性结构蛋白质。

表 1-4 肌原纤维蛋白质的种类和含量 单位：%

名称	含量	名称	含量	名称	含量
肌球蛋白	45	C-蛋白	2	55 000 u 蛋白	＜1
肌动蛋白	20	M-蛋白	2	F-蛋白	＜1
原肌球蛋白	5	α-肌动蛋白素	2	I-蛋白	＜1
肌原蛋白	5	β-肌动蛋白素	＜1	filament	＜1
联结蛋白（titan）	6	γ-肌动蛋白素	＜1	肌间蛋白	＜1
N-line	3	肌酸激酶	＜1	vimentin	＜1
				synemin	＜1

2. 肌浆中的蛋白质

肌浆是浸透于肌原纤维内外的液体，含有机物与无机物，一般占肉中蛋白质含量的 20%～30%。通常将磨碎的肌肉压榨便可挤出肌浆。它包括肌溶蛋白、肌红蛋白、肌球蛋白 X 和肌粒中的蛋白质等。这些蛋白质易溶于水或低离子强度的中性盐溶液，是肉中最易提取的蛋白质。故称为肌肉的可溶性蛋白质。这里重点叙述与肉及其制品的色泽有直接关系的肌红蛋白。

肌红蛋白是一种复合型的色素蛋白质，是肌肉呈现红色的主要成分。肌红蛋白由一条肽链的珠蛋白和一分子亚铁血色素结合而成。肌红蛋白有多种衍生物，如呈鲜红色的氧合肌红蛋白、呈褐色的高铁肌红蛋白、呈鲜亮红色的 NO 肌红蛋白等。肌红蛋白的含量，因动物的种类、年龄、肌肉的部位不同而不同。

表 1-5 肌肉中肌浆酶蛋白的含量 单位：mg/g

肌浆酶	含量	肌浆酶	含量
磷酸化酶	2.0	磷酸甘油激酶	0.8
淀粉-1，6-糖苷酶	0.1	磷酸甘油醛脱氢酶	11.0
葡萄糖磷酸变位酶	0.6	磷酸甘油变位酶	0.8
葡萄糖磷酸异构酶	0.8	烯醇化酶	2.4
果糖磷酸激酶	0.35	丙酮酸激酶	3.2
缩醛酶（二磷酸果糖酶）	6.5	乳酸脱氢酶	3.2
磷酸丙糖异构酶	2.0	肌酸激酶	5.0
甘油-3-磷酸脱氢酶	0.3	一磷酸腺苷激酶	0.4

3. 基质蛋白质

基质蛋白质亦称间质蛋白质，是指肌肉组织磨碎之后在高浓度的中性溶液中充分抽提之后的残渣部分。基质蛋白质是构成肌内膜、肌束膜和腱的主要成分，包括胶原蛋白、弹性蛋白、网状蛋白及黏蛋白等，存在于结缔组织的纤维及基质中，它们均属于硬蛋白类。

表 1-6 结缔组织蛋白质的含量 单位：%

成分	白色结缔组织	黄色结缔组织
蛋白质	35.0	40.0
其中：		
胶原蛋白	30.0	7.5
弹性蛋白	2.5	32.0
黏蛋白	1.5	0.5
可溶性蛋白	0.2	0.6
脂类	1.0	1.1

（三）脂肪

脂肪对肉的食用品质影响甚大，肌肉内脂肪的多少直接影响肉的多汁性和嫩度。动物的脂肪可分为蓄积脂肪和组织脂肪两大类，蓄积脂肪包括皮下脂肪、肾周围脂肪、大网膜脂肪及肌间脂肪等；组织脂肪为脏器内的脂肪。动物性脂肪主要成分是甘油三酯（三脂肪酸甘油酯），约占 90%，还有少量的磷脂和固醇脂。肉类脂肪有 20 多种脂肪酸。其中饱和脂肪酸以硬脂酸和软脂酸居多；不饱和脂肪酸以油酸居多，其次是亚油酸。磷脂以及胆固醇所构成的脂肪酸酯类是能量来源之一，也是构成细胞的特殊成分，它对肉类制品质量、颜色、气味具有重要作用。不同动物脂肪的脂肪酸组成不一致，相对来说鸡脂肪和猪脂肪含不饱和脂肪酸较多，牛脂肪和羊脂肪中含不饱和脂肪酸较少。

表 1-7　不同动物脂肪的脂肪酸组成

脂肪	硬脂酸含量/%	油酸含量/%	棕榈酸含量/%	亚油酸含量/%	熔点/℃
牛脂肪	41.7	33.0	18.5	2.0	40～50
羊脂肪	34.7	31.0	23.2	7.3	40～48
猪脂肪	18.4	40.0	26.2	10.3	33～38
鸡脂肪	8.0	52.0	18.0	17.0	28～38

（四）浸出物

浸出物是指除蛋白质、盐类、维生素外能溶于水的浸出性物质，包括含氮浸出物和无氮浸出物。

1. 含氮浸出物

含氮浸出物为非蛋白质的含氮物质，如游离氨基酸、磷酸肌酸、核苷酸类（ATP、ADP、AMP、IMP）及肌酐、尿素等。这些物质左右肉的风味，为香气的主要来源，如 ATP 除供给肌肉收缩的能量外，逐级降解为肌苷酸，其是肉香的主要成分，磷酸肌酸分解成肌酸，肌酸在酸性条件下加热则为肌酐，可增强熟肉的风味。

2. 无氮浸出物

无氮浸出物为不含氮的可浸出的有机化合物，包括糖类化合物和有机酸。糖类又称碳水化合物。因由 C、H、O 三个元素组成，氢氧之比恰为 2∶1，与水相同。但有若干例外，如去氧核糖（$C_2H_{10}O_4$），鼠李糖（$C_6H_{12}O_5$），并非按氢 2 氧 1 比例组成。又如乳酸按氢 2 氧 1 比例组成，但无糖的特性，属于有机酸。

无氮浸出物主要是糖原、葡萄糖、麦芽糖、核糖、糊精，有机酸主要是乳酸及少量的甲酸、乙酸、丁酸、延胡索酸等。

糖原主要存在于肝脏和肌肉中，肌肉中含0.3%～0.8%，肝中含2%～8%，马肉肌糖原含2%以上。宰前动物消瘦、疲劳及病态，肉中糖原储备少。肌糖原含量多少，对肉的pH、保水性、颜色等均有影响，并且影响肉的包藏性。

（五）矿物质

矿物质是指一些无机盐类和元素，含量占1.5%左右。这些无机盐在肉中有的以游离状态存在，如镁离子、钙离子；有的以螯合状态存在，如肌红蛋白中含铁，核蛋白中含磷。肉中尚含有微量的锰、铜、锌、镍等。肉中主要矿物质含量如表1-8所示。

表1-8 肉中主要矿物质含量 单位：mg/100 g

矿物质	钙	镁	锌	钠	钾	铁	磷	氯
含量	2.6～8.2	14.0～31.8	1.2～8.3	36～85	451～297	1.5～5.5	10.0～21.3	34～91
平均值	4.0	21.1	4.2	38.5	395	2.7	20.1	51.4

（六）维生素

肉中维生素主要有维生素A、维生素B_1、维生素B_2、维生素PP、叶酸、维生素C、维生素D等。其中脂溶性维生素较少，但水溶性B族维生素含量丰富。猪肉中维生素B_1的含量比其他肉类要多得多，牛肉中叶酸的含量比猪肉和羊肉高。此外，动物的肝脏，几乎各种维生素含量都很高。肉中主要维生素含量如表1-9所示。

表1-9 肉中主要维生素含量 单位：mg/100 g

畜肉	维生素A	维生素B_1	维生素B_2	维生素PP	泛酸	生物素	叶酸	维生素B_6	维生素B_{12}	维生素D
牛肉	微量	0.07	0.20	5.0	0.4	3.0	10.0	0.3	2.0	微量
小牛肉	微量	0.10	0.25	7.0	0.6	5.0	5.0	0.3	—	微量
猪肉	微量	1.0	0.20	5.0	0.6	4.0	3.0	0.5	2.0	微量
羊肉	微量	0.15	0.25	5.0	0.5	3.0	3.0	0.4	2.0	微量

表 1-10 哺乳动物骨骼肌的化学组成 单位：%

化学物质	含量	化学物质	含量
水分（65～80）	75.0	脂类（1.5～13.0）	3.0
		中性脂类（0.5～1.5）	1.5
蛋白质（16～20）	18.5	磷脂	1.0
肌原纤维蛋白	9.5	脑苷酯类	0.5
肌球蛋白	5.0	胆固醇	0.5
肌动蛋白	2.0	非蛋白含氮物	1.5
原肌球蛋白	0.8	肌酸与磷酸肌酸	0.5
肌原蛋白	0.8	核苷酸类（ATP、ADP 等）	0.3
M-蛋白	0.4	游离氨基酸	
C-蛋白	0.2	肽（鹅肌肽、肌肽等）	0.3
α-肌动蛋白素	0.2	其他物质（IMP、NAD、NADP、尿素等）	0.1
β-肌动蛋白素	0.1	碳水化合物（0.5～1.5）	1.0
肌浆蛋白	6.0	糖原（0.5～1.3）	0.8
可溶性肌浆蛋白和酶类	5.5	葡萄糖	0.1
肌红蛋白	0.3	代谢中间产物（乳酸等）	0.1
血红蛋白	0.1	无机成分	1.0
细胞色素和呈味蛋白	0.1	钾	0.3
基质蛋白	3.0	总磷	0.2
胶原蛋白网状蛋白	1.5	硫	0.2
弹性蛋白	0.1	氯	0.1
其他不可溶蛋白	1.4	钠	0.1
		其他（包括镁、钙、铁、铜、锌、锰等）	0.1

（七）影响肉化学成分的因素

1. 动物的种类

动物种类对肉化学组成的影响是显而易见的，但这种影响的程度还受多种内在和外在因素的影响，表 1-10 列出哺乳动物骨骼肌的化学组成。表 1-11 列出了不同种类的成年动物其背最长肌的化学成分。由表 1-11 可见，这五种动物肌肉的水分、总氮含量及可溶性磷含量比较接近，而其他成分有显著差别。

表 1-11 成年家畜背最长肌的化学成分

项目	动物种类			
	家兔	羊	猪	牛
水分（除出脂肪）/%	77.0	77.0	76.7	76.8
肌肉间脂肪含量/%	2.0	7.9	2.9	3.4
肌肉间脂肪碘值	—	54	57	57
总氮含量（除去脂肪）/%	3.4	3.6	3.7	3.6
总可溶性磷含量/%	0.20	0.18	0.20	0.18
肌红蛋白含量/%	0.2	0.25	0.06	0.50
胺类、三甲胺及其他成分含量/%	—	—	—	—

注：“—”代表不含该成分。

2．性别

性别的不同主要影响肉的质地和风味，对肉的化学组成也有影响。未经去势的公畜肉质地粗糙，比较坚硬，具有特殊的腥臭味。此外，公畜的肌内脂肪含量低于母畜或去势畜。因此，作为加工用的原料，应选用经过肥育的去势家畜，未经阉割的公畜和老母猪等不宜用作加工的原料。不同性别的牛肉背最长肌的化学成分如表 1-12 所示。

表 1-12 不同性别的牛肉背最长肌的化学成分 单位：%

化学成分	肌肉组织中的含量		
	不去势公牛	去势公牛	母牛
蛋白质	21.7	22.1	22.2
脂肪	1.1	2.5	3.4
水分	75.9	74.3	73.2

3．畜龄

肌肉的化学组成随着畜龄的增加会发生变化，一般来说，除水分下降外，别的成分含量均为增加。幼年动物肌肉的水分含量高，缺乏风味，除特殊情况（如烤乳猪）外，一般不用作加工原料。为获得优质的原料肉，肉用畜禽都有一个合适的屠宰月龄（或日龄）。不同月龄对牛肉背最长肌化学组成的影响如表 1-13 所示。

表 1-13 不同畜龄之牛肉背最长肌的化学成分

项 目	10 头牛的平均数		
	5 个月	6 个月	7 个月
肌肉脂肪含量/%	2.85	3.28	3.96
肌肉脂肪碘值	57.4	55.8	55.5
水分/%	76.7	76.4	75.9
肌红蛋白质/%	0.03	0.038	0.044
总氮含量/%	3.71	3.74	3.87

4．营养状况

动物营养状况会直接影响其生长发育，从而影响肌肉的化学组成。不同肥育程度的肉中其肌肉的化学组成就有较大的差别，营养的好坏对肌肉脂肪的含量影响最为明显，营养状况好的家畜，其肌肉内会沉积大量脂肪，使肉的横切面呈现大理石状，其风味和质地均佳。反之，营养贫乏，则肌内脂肪含量低，肉质差。

表 1-14 营养状况和畜龄对猪背最长肌成分的影响

项目	营养状况			
	高		低	
	16 周	26 周	16 周	26 周
肌肉脂肪含量/%	2.27	4.51	0.68	0.02
肌肉脂肪碘值	62.96	59.20	95.40	66.80
水分/%	74.37	71.78	78.09	73.74

表 1-15 肥育程度对牛肉化学成分的影响 单位：%

牛肉	占净肉的比例				占去脂净肉的比例		
	蛋白质	脂肪	水分	灰分	蛋白质	水分	灰分
肥育良好	19.2	18.3	61.6	0.9	23.5	75.5	1.0
肥育一般	20.0	10.7	68.3	1.0	22.4	76.5	1.1
肥育不良	21.1	3.8	74.1	1.1	21.9	76.9	1.2

5．解剖部位

肉的化学组成除受动物的种类、品种、畜龄、性别、营养状况等因素影响外，同一动物不同部位的肉其组成也有很大差异。

表 1-16 不同部位肉的化学组成 单位：%

种类	部位	水分	粗脂肪	粗蛋白	灰分
牛 肉	颈 部	65	16	18.6	0.9
	软 肋	61	18	19.9	0.9
	背 部	57	25	16.7	0.8
	肋 部	59	23	17.6	0.8
	后腿部	69	11	19.5	1.0
	臀 部	55	28	16.2	0.8
小牛肉	背 部	70	5	19	1.3
	后腿部	68	12	19.1	1.0
	肩 部	70	10	19.4	1.0
猪 肉	后腿部	53	31	15.2	0.8
	背 部	58	25	16.4	0.9
	臀 部	49	37	13.5	0.7
	肋 部	53	32	14.6	0.8
羊 肉	胸 部	48	37	12.8	—
	后腿部	64	18	18.0	0.9
	背 部	65	16	18.6	—
	肋 部	52	32	14.9	0.8
	肩 部	58	25	15.6	0.8

二、肉的物理性质

（一）密度

肉的体积质量是指每立方米体积的质量（kg/m^3）。体积质量的大小与动物种类、肥度有关，脂肪含量多则体积质量小。如去掉脂肪的牛、羊、猪肉体积质量为 1 020～1 070 kg/m^3，猪肉为 940～960 kg/m^3，牛肉为 970～990 kg/m^3，猪脂肪为 850 kg/m^3。

（二）比热

肉的比热为 1 kg 肉升降 1℃所需的热量。它受肉的含水量和脂肪含量的影响，含水量多比热大，其冻结或溶化潜热增高，肉中脂肪含量多则相反。

（三）热导率

肉的热导率是指肉在一定温度下，每小时每米传导的热量，以 kJ 计。热导率受肉的组织结构、部位及冻结状态等因素影响，很难准确地测定。肉的热导率大小决定肉冷却、冻结及解冻时温度升降的快慢。肉的热导率随温度下降而增大。因冰的热导率比水大 4 倍，因此，冻肉比鲜肉更易导热。

（四）肉的冰点

肉的冰点是指肉中水分开始结冰的温度，也叫冻结点。它取决于肉中盐类的浓度，浓度越高，冰点越低。纯水的冰点为 0℃，肉中含水分 60%～70%，并且有各种盐类，因此冰点低于水。一般猪肉、牛肉的冻结点为–1.2～–0.6℃。

任务三　肉的食用品质

肉的食用品质及物理性状主要指肉的色泽、气味、嫩度、肉的保水性、肉的 pH、容重、比热、肉的冰点等。这些性质在肉的加工贮藏中直接影响肉品的质量。

一、色泽

肉的颜色对肉的营养价值并无多大影响，但在某种程度上影响食欲和商品价值。如果是微生物引起的色泽变化则影响肉的卫生质量。

（一）形成肉色的物质

肉的颜色本质上是由肌红蛋白（Mb）和血红蛋白（Hb）产生的。肌红蛋白为肉自身的色素蛋白，肉色的深浅与其含量多少有关。血红蛋白存在于血液中，对肉颜色的影响视放血是否充分而定。在肉中血液残留多则血红蛋白含量亦多，肉色深。放血充分肉色正常，放血不充分或不放血（冷宰）的肉色深且暗。

（二）肌红蛋白的变化

肌红蛋白本身为紫红色，与氧结合可生成氧合肌红蛋白，为鲜红色，是新鲜肉的象征；肌红蛋白和氧合肌红蛋白均可以被氧化生成高铁肌红蛋白，呈褐色，使肉色变暗；肌红蛋白与亚硝酸盐反应可生成亚硝基肌红蛋白，呈亮红色，是腌肉加热后的典型色泽，如图 1-1 所示。

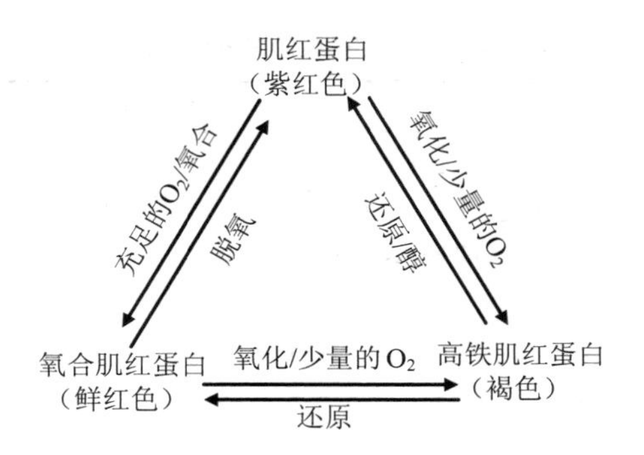

图 1-1 肌红蛋白、氧合肌红蛋白和高铁肌红蛋白之间的转化

（三）影响肌肉颜色变化的因素

1．环境中的氧含量

环境中氧的含量决定了肌红蛋白是形成MbO_2还是MMb，从而直接影响肉的颜色。

2．湿度

环境中湿度大，则氧化得慢，因在肉表面有水汽层，影响氧的扩散。如果湿度低并空气流速快，则加速高铁肌红蛋白的形成，使肉色变褐快。如牛肉在 8℃冷藏时，相对湿度为 70%，2 d 变褐；相对湿度为 100%，4 d 变褐。

3．温度

环境温度高促进氧化，温度低则氧化得慢。如牛肉 3～5℃贮藏 9 d 变褐，0℃时贮藏 18 d 才变褐。因此为了防止肉变褐氧化，尽可能在低温下贮藏。

4．pH

动物在宰前糖原消耗过多，尸僵后肉的极限 pH 高，易出现生理异常肉，牛肉出现黑干肉（DFD 肉），这种肉颜色较正常肉深暗。而猪则易引白肌肉（PSE 肉），使肉色变得苍白。

5．微生物

肉贮藏时污染微生物会使肉表面颜色改变。污染细菌，分解蛋白质使肉色污浊；污染霉菌则在肉表面形成白色、红色、绿色、黑色等色斑或发出荧光。

表 1-17 影响肉色的因素

因 素	影 响
肌红蛋白含量	含量越多，颜色越深
品种、解剖位置	牛、羊肉色颜色较深，猪此之，禽腿肉为红色，而胸肉为浅白色
年龄	年龄越大，肌肉 Mb 含量越高，肉色越深
运动	运动量大的肌肉 Mb 含量高，肉色深
pH	pH＞6.0，不利于 Mb 形成，肉色黑暗
肌红蛋白的化学状态	Mb 呈鲜红色，高铁 Mb 呈褐色
细菌繁殖	促进高铁 Mb 形成，肉色变暗
电刺激	有利于改善牛、羊的肉色
宰后处理	迅速冷却有利于肉保持鲜红颜色
	放置时间加长，反之，温度升高均促进 Mb 氧化，肉色变深
腌制（亚硝基形成）	生成亮红色的亚硝基肌红蛋白，加热后形成粉红色的亚硝基血色原

二、肉的风味

肉的风味又称味质，指的是生鲜肉的气味和加热后肉制品的香气和滋味。它是肉中固有成分经过复杂的生物化学变化，产生各种有机化合物所致。其特点是成分复杂多样，含量甚微，用一般方法很难测定，除少数成分外，多数无营养价值，不稳定，加热易破坏和挥发。呈味性能与其分子结构有关，呈味物质均具有各种发香基团。如羟基—OH，羧基—COOH，醛基—CHO，羰基—CO，硫氢基—SH，酯基—COOR，氨基—NH_2，酰胺基—CONH，亚硝基—NO_2，苯基—C_6H_5。这些肉的味质是通过人高度灵敏的嗅觉和味觉器官而反映出来的。

（一）气味

气味是肉中具有挥发性的物质，随气流进入鼻腔，刺激嗅觉细胞通过神经传导反应到大脑嗅区而产生的一种刺激感。愉快感为香味，厌恶感为异味、臭味。气味的成分十分复杂，约有 1 000 多种。主要有醇、醛、酮、酸、酯、醚、呋喃、吡咯、内酯、糖类及含氮化合物等。

影响肉气味的因素：动物种类、性别、饲料等对肉的气味有很大影响。生鲜肉散发出一种肉腥味，羊肉有膻味，狗肉有腥味，特别是晚去势或未去势的公猪、公牛及母羊的肉有特殊的性气味，在发情期宰杀的动物肉散发出令人厌恶的气味。

某些特殊气味如羊肉的膻味，来源于挥发性低级脂肪酸，如 4-甲基辛酸、壬酸、癸酸等，存在于脂肪中。

喂鱼粉、豆粕、蚕饼等影响肉的气味，饲料含有硫丙烯、二硫丙烯、丙烯-丙基二硫化物等会移行在肉内，发出特殊的气味。

肉在冷藏时，由于微生物繁殖，在肉表面形成菌落成为黏液，而后产生明显的不良气味。长时间的冷藏，脂肪自动氧化，解冻肉汁流失，肉质变软使肉的风味降低。

肉在不良环境贮藏和在带有挥发性物质的葱、鱼、药物等混合贮藏，会吸收外来异味。

（二）滋味

滋味是由溶于水的可溶性呈味物质，刺激人的舌面味觉细胞——味蕾，通过神经传导到大脑而反应出味感。舌面分布的味蕾，可感觉出不同的味道，而肉香味是靠舌的全面感觉。

肉的鲜味成分，来源于核苷酸、氨基酸、酰胺、肽、有机酸、糖类、脂肪等前体物质。关于肉前体物质的分布，近年来研究较多。如把牛肉中风味的前体物质用水提取后，剩下溶于水的肌纤维部分，几乎不存在有香味物质。另外在脂肪中人为地加入一些物质如葡萄糖、肌苷酸、含有无机盐的氨基酸（谷氨酸、甘氨酸、丙氨酸、丝氨酸、异亮氨酸），在水中加热后，结果生成和肉一样的风味，从而证明这些物质为肉风味的前体。

表 1-18 肉的滋味物质

滋味	化合物
甜	葡萄糖、果糖、核糖、甘氨酸、丝氨酸、脯氨酸、羟脯氨酸
咸	无机盐、谷氨酸钠、天冬氨酸钠
酸	天冬氨酸、谷氨酸、组氨酸、天冬酰胺、琥珀酸、乳酸、二氢吡咯羧酸、磷酸
苦	肌酸、肌酐酸、次黄嘌呤、鹅肌肽、肌肽、其他肽类、组氨酸、精氨酸、蛋氨酸、缬氨酸、亮氨酸、异亮氨酸、苯丙氨酸、色氨酸、酪氨酸
鲜	MSG、5′-IMP、5′-GMP，其他肽类

（三）肉的风味物质产生途径

1．美拉德反应

人们较早就知道将生肉汁加热就可以产生肉香味，通过测定成分的变化发现在加热过程中随着大量的氨基酸和绝大多数还原糖的消失，一些风味物质随之产生，这就是所谓美拉德反应：氨基酸和还原糖反应生成香味物质。此反应较复杂，步骤很多，在大多数生物化学和食品化学书中均有陈述，此处不再一一列出。

2．脂质氧化

脂质氧化是产生风味物质的主要途径，不同种类风味的差异也主要是由于脂质氧化产物不同所致。肉在烹调时的脂肪氧化（加热氧化）原理与常温脂肪氧化相似，但加热氧化由于热能的存在使其产物与常温氧化大不相同。总的来说，常温氧化产生酸败味，而加热氧化产生风味物质。

3．硫胺素降解

肉在烹调过程中有大量的物质发生降解，其中硫胺素（维生素 B_1）降解所产生的 H_2S（硫化氢）对肉的风味，尤其是牛肉味的生成至关重要。H_2S 本身是一种呈味物质，更重要的是它可以与呋喃酮等杂环化合物反应生成含硫杂环化合物，赋予肉强烈的香味，其中 2-甲基-3-呋喃硫醇被认为是肉中最重要的芳香物质。

4．腌肉风味

亚硝酸盐是腌肉的主要特色成分，它除了有发色作用外，对腌肉的风味也有重要影响。亚硝酸盐（抗氧化剂）抑制了脂肪的氧化，所以腌肉体现了肉的基本滋味和香味，减少了脂肪氧化所产生的具有种类特色的风味以及过热味（WOF）。

表 1-19　肉的风味物质的影响因素

因　素	影　响
年龄	年龄越大，风味越浓
物种	物种间风味差异很大，主要由脂肪酸组成上差异造成
	物种间除风味外还有特征性异味，如羊膻味、猪味、鱼腥味等
脂肪	风味的主要来源之一
氧化	氧化加速脂肪产生酸败味，随温度增加而加速
饲料	饲料中鱼粉腥味、牧草味，均可带入肉中
性别	未去势公猪，因性激素缘故，有强烈异味，公羊膻腥味较重，牛肉风味受性别影响较小
腌制	抑制脂肪氧化，有利于保持肉的原味
细菌繁殖	产生腐败味

三、肉的嫩度

肉的嫩度是消费者最重视的食用品质之一，它决定了肉在食用时口感的老嫩，是反映肉质地的指标。

（一）嫩度的概念

我们通常所谓肉嫩或老实质上是对肌肉各种蛋白质结构特性的总体概括，它直接与肌肉蛋白质的结构及某些因素作用下蛋白质发生变性、凝集或分解有关。肉的嫩度总结起来包括以下四方面的含义：

（1）肉对舌或颊的柔软性。即当舌头与颊接触肉时产生的触觉反应。肉的柔软性变动很大，从软糊糊的感觉到木质化的结实程度。

（2）肉对牙齿压力的抵抗性。即牙齿插入肉中所需的力。有些肉硬得难以咬动，而有的柔软得几乎对牙齿无抵抗性。

（3）咬断肌纤维的难易程度。指牙齿切断肌纤维的能力，首先要咬破肌外膜和肌束，因此这与结缔组织的含量和性质密切有关。

（4）嚼碎程度。用咀嚼后肉渣剩余的多少以及咀嚼后到下咽时所需的时间来衡量。

（二）影响肌肉嫩度的因素

影响肌肉嫩度的实质主要是结缔组织的含量与性质及肌原纤维蛋白的化学结构状态。它们受一系列的因素影响而变化，从而导致肉嫩度的变化。影响肌肉嫩度的宰前因素也很多，主要有如下几项：

（1）畜龄。一般来说，幼龄家畜的肉比老龄家畜嫩，但前者的结缔组织含量反而高于后者。其原因在于幼龄家畜肌肉中胶原蛋白的交联程度低，易受加热作用而裂解。而成年动物的胶原蛋白的交联程度高，不易受热和酸、碱等的影响。如肌肉加热时胶原蛋白的溶解度，犊牛为19%～24%，2岁阉公牛为7%～8%，而老龄牛仅为2%～3%，并且对酸解的敏感性也降低。

（2）肌肉的解剖学位置。牛的腰大肌最嫩，胸头肌最老，据测定腰大肌中羟脯氨酸含量也比半腱肌少得多。经常使用的肌肉，如半膜肌和股二头肌，比不经常使用的肉（腰大肌）的弹性蛋白含量多。同一肌肉的不同部位嫩度也不同，猪背最长肌的外侧比内侧部分要嫩。牛的半膜肌从近端到远端嫩度逐降。

（3）营养状况。凡营养良好的家畜，肌肉脂肪含量高，大理石纹丰富，肉的嫩度好。肌肉脂肪有冲淡结缔组织的作用，而消瘦动物的肌肉脂肪含量低，肉质老。

（4）尸僵和成熟。宰后尸僵发生时，肉的硬度会大大增加。因此，肉的硬度又有固有硬度和尸僵硬度之分，前者为刚宰后和成熟时的硬度，而后者为尸僵发生时的硬度。肌肉发生异常尸僵时，如冷收缩和解冻僵直。肌肉发生强烈收缩，从而使硬度达到最大。一般肌肉收缩时短缩度达到40%时，肉的硬度最大，而超过40%反而变为柔软，这是由于肌动蛋白的细丝过度插入而引起Z线断裂所致，这种现象称为“超收缩”。僵直解除后，随着成熟的进行，硬度降低，嫩度随之提高，这是由于成熟期间尸僵硬度逐渐消失，Z线易于断裂之故。

（5）加热处理。加热对肌肉嫩度有双重效应，它既可以使肉变嫩，又可使其变硬，这取决于加热的温度和时间。加热可引起肌肉蛋白质变性，从而发生凝固、凝集和短缩现象。当温度在65～75℃时，肌肉纤维的长度会收缩25%～30%，从而使肉的嫩度降低，但另一方面，肌肉中的结缔组织在60～65℃会发生短缩，而超过这一温度会逐渐转变为明胶，从而使肉的嫩度得到改善。结缔组织中的弹性蛋白对热不敏感，所以有些肉虽然经过很长时间的煮制但仍很老，这与肌肉中弹性蛋白的含量高有关。

表1-20 影响肉嫩度的因素

因素	影响
年龄	年龄越大，肉亦越老
运动	一般运动多的肉较老
性别	公畜肉一般较母畜和腌畜肉老
大理石纹	与肉的嫩度有一定程度的正相关
成熟（Aging）	改善嫩度
品种	不同品种的畜禽肉在嫩度上有一定差异
电刺激	可改善嫩度
成熟（Conditioning）	尽管和成熟（Aging）一样均指成熟，而有特指将肉放在10～15℃环境中解僵，这样可以防止冷收缩
肌肉	肌肉不同，嫩度差异很大，源于其中结缔组织的量和质不同所致
僵直	动物宰后将发生死后僵直，此时肉的嫩度下降，僵直过后，成熟肉的嫩度得到恢复
解冻僵直	导致嫩度下降，损失大量水分

（三）肉的嫩化技术

（1）电刺激。近十几年来对宰后用电直接刺激胴体以改善肉的嫩度进行了广泛的研究，尤其对于羊肉和牛肉，电刺激提高肉嫩度的机制尚未充分明了，主要是加速肌肉的代谢，从而缩短尸僵的持续期并降低尸僵的程度，此外，电刺激可以避免羊胴体和牛胴体产生冷收缩。

（2）酶法。利用蛋白酶类可以嫩化肉，常用的酶为植物蛋白酶，主要有木瓜蛋白酶、菠萝蛋白酶和无花果蛋白酶，商业上使用的嫩肉粉多为木瓜蛋白酶。酶对肉的嫩化作用主要是对蛋白质的裂解所致，所以使用时应控制酸的浓度和作用时间，如酶解过度，则食肉会失去应有的质地并产生不良的味道。

（3）醋渍法。将肉在酸性溶液中浸泡可以改善肉的嫩度，据试验，溶液 pH 介于 4.1～4.6 时嫩化效果最佳，用酸性红酒或醋来浸泡肉较为常见，它不但可以改善嫩度，还可以增加肉的风味。

（4）压力法。给肉施加高压可以破坏肉的肌纤维中亚细胞结构，使大量 Ca^{2+} 释放，同时也释放组织蛋白酶，使得蛋白水解活性增强，一些结构蛋白质被水解，从而导致肉的嫩化.

（5）碱嫩化法。用肉质量 0.4%～1.2%的碳酸氢钠或碳酸钠溶液对牛肉进行注射或浸泡腌制处理，可以显著提高 pH 和保水能力，降低烹饪损失，改善熟肉制品的色泽，使结缔组织的热变性提高，而使肌原纤维蛋白对热变性有较大的抗性，所以肉的嫩度提高。

四、肉的保水性

（一）保水性的概念

肉的保水性即持水性、系水性，指肉在压榨、加热、切碎搅拌等外界因素的作用下，保持原有水分和添加水分的能力。肉的保水性是一项重要的肉质性状，这种特性对肉品加工的质量和产品的数量都有很大影响。

（二）保水性的理化基础

肌肉中的水是以结合水、不易流动水和自由水三种形式存在的。其中不易流动水主要存在于细胞内、肌原纤维及膜之间，度量肌肉的保水性主要指的是这部分水，它取决于肌原纤维蛋白质的网状结构及蛋白质所带的静电荷的多少。蛋白质处于膨胀胶体状态时，网状空间大，保水性就高，反之处于紧缩状态时，网状空间小，保水性就低。

（三）影响保水性的因素

1. pH 对保水性的影响

pH 对保水性的影响实质是蛋白质分子的静电荷效应。蛋白质分子所带的静电荷对蛋白质的保水性具有两方面的意义：其一，静电荷是蛋白质分子吸引水的强有力的中心；其二，由于静电荷使蛋白质分子间具有静电斥力，因而可以使其结构松弛，增加保水效果。对肉来讲，静电荷如果增加，保水性就得以提高，静电荷减少，则保水性降低。

添加酸或碱来调节肌肉的pH，并借加压方法测定其保水性能时可知，保水性随pH的高低而发生变化。当pH在5.0左右时，保水性最低。保水性最低时的pH几乎与肌动球蛋白的等电点一致。如果稍稍改变pH，就可引起保水性的很大变化。任何影响肉 pH 变化的因素或处理方法均可影响肉的保水性，尤以猪肉为甚。在肉制品加工中常用添加磷酸盐的方法来调节pH至5.8以上，以提高肉的保水性。

2．动物因素

畜禽种类、年龄、性别、饲养条件、肌肉部位及屠宰前后处理等，对肉保水性都有影响。兔肉的保水性最佳，依次为牛肉、猪肉、鸡肉、马肉。就年龄和性别而论，去势牛＞成年牛＞母牛＞幼龄＞老龄，成年牛随体重增加而保水性降低。试验表明：猪的岗上肌保水性最好，依次是胸锯肌＞腰大肌＞半膜肌＞股二头肌＞臀中肌＞半键肌＞背最长肌。其他骨骼肌较平滑肌为佳，颈肉、头肉比腹部肉、舌肉的保水性好。

3．尸僵和成熟

当pH降至5.4～5.5，达到了肌原纤维的主要蛋白质肌球蛋白的等电点，即使没有蛋白质的变性，其保水性也会降低。此外，由于ATP的丧失和肌动球蛋白的形成，使肌球蛋白和肌动蛋白间有效空隙大为减少。这种结构的变化，则使其保水性也大为降低。而蛋白质某种程度的变性，也是动物死后不可避免的结果。肌浆蛋白质在高温、低 pH 的作用下沉淀到肌原纤维蛋白质之上，进一步影响了后者的保水性。

僵直期后（1～2 d），肉的水合性徐徐升高，而僵直逐渐解除。一种原因是由于蛋白质分子分解成较小的单位，从而引起肌肉纤维渗透压增高所致；另一种原因可能是引起蛋白质静电荷（实效电荷）增加及主要价键分裂的结果。使蛋白质结构疏松，并有助于蛋白质水合离子的形成，因而肉的保水性增加。

4．无机盐

一定浓度食盐具有增加肉保水能力的作用。这主要是因为食盐能使肌原纤维发生膨胀。肌原纤维在一定浓度食盐存在下，大量氯离子被束缚在肌原纤维间，增加了负电荷引起的静电斥力，导致肌原纤维膨胀，使保水力增强。另外，食盐腌肉使肉的离子强度增高，肌纤维蛋白质数量增多。在这些纤维状肌肉蛋白质加热变性的情况下，将水分和脂肪包裹起来凝固，使肉的保水性提高。通常肉制品中食盐含量在3%左右。

磷酸盐能结合肌肉蛋白质中的Ca^{2+}、Mg^{2+}，使蛋白质的羰基被解离出来。由于羰基间负电荷的相互排斥作用使蛋白质结构松弛，提高了肉的保水性。较低的浓度下就具有较高的离子强度，使处于凝胶状态的球状蛋白质的溶解度显著增加，提高了肉的保水性。焦磷酸盐和三聚磷酸盐可将肌动球蛋白解离成肌球蛋白和肌动蛋白，使肉的保水性提高。肌球蛋白是决定肉的保水性的重要成分。但肌球蛋白对热不稳定，其凝固温度为42～51℃，在盐溶液中30℃就开始变性。肌球蛋白过早变性会使其保水能力降低。聚磷酸盐对肌球蛋白变性有一定的抑制作用，可使肌肉蛋白质的保水能力稳定。

5. 加热

肉加热时保水能力明显降低，加热程度越高保水力下降越明显。这是由于蛋白质的热变性作用，使肌原纤维紧缩，空间变小，不易流动水被挤出。

【复习思考题】

1. 简述水分在肉中的主要形态。
2. 肉中主要含有的微生物有哪几类?
3. 简述影响肉化学成分的因素。
4. 肉的食用品质主要有哪几方面?
5. 简述肉的风味物质产生途径。

模块二　畜禽的屠宰与分割

任务一　畜禽宰前准备

一、肉用畜禽的选择

凡是提交屠宰的畜禽，必须符合国家颁布的《生猪屠宰产品品质检验规程》（GB/T 17996—1999）的有关规定，经检疫人员出具检疫证明，保证健康无病，方可作为屠宰对象以选择。此外，要求年龄适当，以肥度适中、屠宰率高为原则。

（一）性别

性别可以影响肌肉的品质。一般来讲雄性畜禽，特别是猪肌肉脂肪少、肌纤维粗、肉质有粗糙感。公猪具有特异性气味，不适于作肉品原料，作为肉用必须尽早去势，晚去势的猪肉质粗糙，缺乏香味，雄性猪去势后各部比较充实匀称，瘦肉率高，肉质及风味都较好。

（二）年龄及适宰时期

幼龄畜禽的肉，水分含量多、脂肪含量少、肌肉松驰、肉味不好，除乳猪、犊牛用作特殊加工外，不适于屠宰肉用。一般多选择成年畜禽作为原料。而老龄动物肉质粗糙，风味颜色对肉质也有影响。特别是猪，受育种、饲料等因素影响较多。猪的生长规律是小猪长骨，中猪长肉，大猪长膘。按各组织器官阶段生长发育规律，找出增重最快、瘦肉率最多的屠宰时期是最理想的。如哈白猪胴体瘦肉率 6 月龄为 52.9%，8 月龄为 49.4%，6 月龄比 8 月龄提高 3.5%。黑花猪瘦肉率 5.5 月龄为 52.9%，6 月龄 48%，前者比后者提高 4.9%。从增重速度看，哈白猪 8 月龄日增重速度为 755.6 g，10 月龄 538.9 g，前者比后者多增重 171.7 g。黑花猪 6 月龄日增重 584 g，8 月龄为 554 g，前者比后者多增 30 g。以日增重和瘦肉率两个性状衡量，哈白猪的适宜屠宰时间为 7～7.5 月龄，黑花猪为 5.5～6 月龄。此时期瘦肉率均达 50%以上。

表 2-1 哈白猪与黑花猪的瘦肉率

种别 \ 瘦肉率/% \ 体重/kg	70～80	90～100	110～120
哈白猪	52～53	49～50	46～47
黑花猪	51～52	48～49	45～46

猪在 5 月龄 85 kg 左右，牛 2～3 岁 500 kg 左右，鸡 1.25 kg 以上，鸭 1.5 kg 以上，鹅 2.5 kg 以上适于屠宰。

（三）营养状况

猪是动物性、植物性饮料都能摄取的杂食兽，饲料利用率高于其他家畜，但由于猪是单胃对纤维消化能力弱，而刬食动物（牛、羊）存在四个胃可以反刍，对草类等粗饲料能够有效的利用。因此猪肥育快并且脂肪蓄积较多。营养状况极端不良，过于消瘦的畜禽不适于作加工用，理想的原料猪既不过肥也不过瘦，最近日本、西欧一些国家利用超声波测猪生体的脂肪厚度和瘦肉厚度来选择原料猪。

牛、羊、禽过于消瘦者，不能作为加工原料，而要求肥一些或肥瘦适中。

（四）饲料

适合肉用猪的饲料在育成前期，淀粉质饲料（谷类、甘薯类）应占 55%～65%，蛋白质饲料（鱼粕类）占 10%～15%，米糠类和豆粕占 25%～30%。淀粉质饲料给予多，使脂肪坚实，肉质良好，而米糠和豆粕给予多则脂肪软，软肌的肉在冷却时缺乏紧凑性，特别油类饲料给量多的情况下显著变软，这样肉也不适于加工用，喂鱼粕多会带有鱼腥味，另外喂剩饭和鱼粉则脂肪发黄，为黄脂猪，均不适合于加工。

二、屠宰前的准备

（一）待屠宰畜禽的饲养

畜禽运到屠宰场经兽医检验后，按产地、批次及强弱等情况进行分圈分群饲养。对肥度良好的畜禽所喂饲量，以能恢复由于途中蒙受的损失为原则。对瘦弱畜禽的饲养应当采取肥育饲养的方法进行饲养，以在短期内达到迅速增重、长膘、改善肉质为目的。

（二）宰前休息

屠宰前休息有利于放血和消除应激反应，目前国内外所采用的当日运输当日屠宰的方法显然是不合适的，在驱赶时禁止鞭棍打、惊恐及冷热刺激。

（三）宰前禁食、供水

屠宰畜禽在宰前12～24 h断食，断食时间必须适当。一般牛、羊宰前断食24 h，猪12 h，家禽18～24 h。断食时，应供给足量的1%的食盐水，使畜体进行正常的生理机能活动，调节体温，促进粪便排泄，以便放血完全，获得高质量的屠宰产品。为了防止屠宰畜禽倒挂放血时胃内容物从食道流出污染胴体，宰前2～4 h应停止给水。

（四）猪屠宰前的淋浴

水温20℃，喷淋猪体2～3 min，以洗净体表污物为宜。淋浴使猪有凉爽舒适的感觉，促使外周毛细血管收缩，便于放血充分。

任务二　畜禽屠宰工艺

一、家畜的屠宰工艺

各种家畜的屠宰工艺都包括击晕、刺杀放血、煺毛或剥皮、开膛解体、屠体整修、检验盖印等工序。

（一）击晕

应用物理的（如机械的、电击的、枪击的），化学的（吸入CO_2）方法，使家畜在宰杀前短时间内处于昏迷状态，称为击晕。击晕能避免屠畜宰杀时嚎叫、挣扎而消耗过多的糖原。使宰后肉尸保持较低的pH，增强肉的贮藏性。

1. 电击晕

生产上称作“麻电”。它是使电流通过屠畜，以麻痹中枢神经而晕倒。此法还能刺激心脏活动，便于放血。

猪麻电器有手握式和自动触电式两种。手握式麻电器使用时工人穿胶鞋并戴胶手套，手持麻电器，两端分别浸蘸 5%的食盐水（增加导电性），但不可将两端同时浸入盐水，防止短路。用力将电极的一端按在猪皮肤与耳根交界处1～

4 s 即可。

牛麻电器有两种形式：手持式和自动麻电装置。羊的麻电器与猪的手持式麻电器相似。我国目前多采用低电压（表 2-2）。而国外多采用高电压。

表 2-2 畜禽屠宰时的电击晕条件

畜 种	电压/V	电流强度/A	麻电时间/s
猪	70～100	0.5～1.0	1～4
牛	75～120	1.0～1.5	5～8
羊	90	0.2	3～4
兔	75	0.75	2～4
家禽	65～85	0.1～0.2	3～4

2. CO_2 麻醉法

丹麦、德国、美国、加拿大等国应用该法。室内气体组成为：CO_2 65%～75%，空气 25%～35%。将猪赶入麻醉室 15 s 后，意识即完全消失。

（二）刺杀放血

家畜致昏后将后腿拴在滑轮的套腿或铁链上。经滑车轨道运到放血处进行刺杀，放血。家畜击晕后应快速放血，以 9～12 s 为最佳，最好不超过 30 s，以免引起肌肉出血。

1. 刺颈放血

此法比较合理，普遍应用于猪的屠宰。刺杀部位，猪在第一对肋骨水平线下方 3.5～4.5 cm 处。放血口不大于 5 cm，切断前腔静脉和双颈动脉干，不要刺破心脏和气管。这种方法放血彻底。每刺杀一头猪，刀要在 82℃的热水中消毒一次。

牛的刺杀部位在距离胸骨 16～20 cm 的颈下中线处斜向上方刺入胸腔 30～35 cm，刀尖再向左偏，切断颈总动脉。

羊的刺杀部位在右侧颈动脉下颌骨附近，将刀刺入，避免刺破气管。

2. 切颈放血

应用于牛、羊，为清真屠宰普遍采用的方法。用大脖刀在靠近颈前部横刀切断三管（血管、气管和食管）。此法操作简单，但血液易被胃内容物污染。

3. 心脏放血

在一些小型屠宰场和广大农村屠宰猪时多用，是从颈下直接刺入心脏放血。优点是放血快，死亡快，但是放血不全，且胸腔易积血。

倒悬放血时间：牛 6～8 min，猪 5～7 min，羊 5～6 min，平卧式放血需延长

2～3 min。如从牛取得其活重 5%的血液，猪为 3.5%，羊为 3.2%，则可计为放血效果良好。放血充分与否影响肉品质量和贮藏性。

（三）剥皮或烫煺毛

家畜放血后解体前，猪需烫毛、煺毛，牛、羊需进行剥皮，猪也可以剥皮。

1. 猪的烫毛和煺毛

放血后的猪经 6 min 沥血，由悬空轨道上卸入烫毛池进行浸烫，使毛根及周围毛囊的蛋白质受热变性收缩，毛根和毛囊易于分离，同时表皮也出现分离，达到脱毛的目的。猪体在烫毛池内大约 5 min。池内最初水温 70℃为宜，随后保持在 60～66℃。如想获得猪鬃，可在烫毛前将猪鬃拔掉。生拔的鬃弹性强，质量好。

煺毛又称刮毛，分机械刮毛和手工刮毛。刮毛机国内有三滚筒式刮毛机、拉式刮毛机和螺旋式刮毛机三种。我国大中型肉联厂多用滚筒式刮毛机。刮毛过程中刮毛机中的软硬刮片与猪体相互摩擦，将毛刮去。同时向猪体喷淋 35℃的温水。刮毛 30～60 s 即可。然后再由人工将未刮净的部位如耳根、大腿内侧的毛刮去。

刮毛后进行体表检验，合格的屠体进行燎毛。国外用燎毛炉或用火喷射，温度达 1 000℃以上，时间 10～15 s，可起到高温灭菌的作用。我国多用喷灯火焰（800～1 300℃）燎毛，然后用刮刀刮去焦毛，最后进行清洗，脱毛检验，从而完成非清洁区的操作。

2. 剥皮

牛、羊屠宰后需剥皮。剥皮分手工剥皮和机械剥皮。现代加工企业多倾向于吊挂剥皮。

3. 割颈肉

割颈肉是根据《鲜、冻片猪肉》（GB 9959.1）平头规格处理。由颈部向耳根处割一刀，然后由放血口入刀，沿下颌骨向上割到耳根。同样方法割另一侧，使颈部皮肤在第一颈椎处与肉体分开。

（四）清除内脏与整理屠体

1. 剖腹取内脏

煺毛或剥皮后开膛最迟不超过 30 min，否则对脏器和肌肉质量均有影响。剖腹一般有仰卧剖腹与倒挂剖腹两种方法。用刀劈开胸骨，在接近腹部时要注意不要刺到胃和肠。环切肛门，用线扎住，推进肠腔，切开腹腔，撬开耻骨，剥离内脏，并取出。

2. 劈半

开膛后，将胴体劈成两半（猪、羊）或四分体（牛）称为劈半。劈半前，先将背部皮肤用刀从上到下割开。然后用电锯沿脊柱正中将胴体劈为两半。目前常用的是往复式劈半电锯。

（五）胴体的修整

猪的胴体修整包括去前后爪、奶头、横膈膜、槽头肉、颈部血肉、伤斑、带血黏膜、脓泡、烂肉和残毛污垢等。牛、羊的胴体修整包括割除尾、肾脏周围脂肪、伤斑、颈部血肉等。修整好的胴体要达到无血、无粪、无毛、无污物。

（六）检验、盖印、称重、出厂

屠宰后要进行宰后兽医检验。合格者，盖以“兽医验讫”的印章。然后经过自动吊称称重、入库冷藏或出厂。

二、家禽的屠宰工艺

（一）击晕

击晕电压为35～50V，电流为0.5 A以下，电晕时间鸡为8 s以下，鸭为10 s左右。电晕时间要适当，以电晕后马上将禽只从挂钩上取下，若在60 s内能自动苏醒为宜。过大的电压、电流会引起锁骨断裂，心脏停止跳动，放血不良，翅膀血管充血。

（二）放血

宰杀放血可以采用人工作业或机械作业，通常有三种方式：口腔放血、切颈放血（用刀切断气管、食管、血管）及动脉放血。禽只在放血完毕进入烫毛槽之前，其呼吸作用应完全停止，以避免烫毛槽内的污水吸进禽体肺脏而污染屠体。放血时间鸡一般为90～120 s，鸭为120～150 s。但冬天的放血时间比夏天长5～10 s。血液一般占活禽体重的8%，放血时约有6%的血液流出体外。

（三）烫毛

水温和时间依禽体大小、性别、重量、生长期以及不同加工用途而改变。烫毛是为了更有利于煺毛，烫毛共有三种方式：高温烫毛，水温为71～82℃，时间为30～60 s。中温烫毛，水温为58～65℃，时间为30～75 s。国内烫鸡通常采用

65℃，时间为 35 s；鸭 60～62℃，时间为 120～150 s。低温烫毛，50～54℃，时间为 90～120 s。在实际操作中，应严格掌握水温和浸烫时间；热水应保持清洁，未曾死透或放血不全的禽尸，不能进行拔毛，否则会降低产品价值。

（四）煺毛

机械煺毛，主要利用橡胶指束的拍打与摩擦作用煺除羽毛。因此必须调整好橡胶指束与屠体之间的距离。另外应掌握好处理时间。禽只禁食超过 8 h，煺毛就会较困难，公禽尤为严重。若禽只宰前经过激烈的挣扎或奔跑，则羽毛根的皮层会将羽毛固定得更紧。此外，禽只宰后 30 min 再浸烫或浸烫后 4 h 再煺毛，都将影响脱毛的速度。

（五）去绒毛

禽体烫煺毛后，尚残留有绒毛，其去除方法有三种：一为钳毛；二为松香拔毛：挂在钩上的屠禽浸入溶化的松香液中，然后再浸入冷水中（约 3 s）使松香硬化。待松香不发黏时，打碎剥去，绒毛即被粘掉。松香拔毛剂配方：11%的食用油加 89%的松香，放在锅里加热至 200～230℃充分搅拌，使其溶成胶状液体，再移入保温锅内，保持温度为 120～150℃备用。松香拔毛操作不当，使松香从禽体毛孔扩散到禽体内。

（六）清洗、去头、切脚

（1）清洗。禽体煺毛后，在去内脏之前须充分清洗。经清洗后禽体应有 95%的完全清洗率。一般采用加压冷水（或加氯水）冲洗。

（2）去头。应视消费者是否喜好带头的全禽而予增减。

（3）切脚。目前大型工厂均采用自动机械从胫部关节切下。

（七）取内脏

取内脏前须再挂钩。活禽从挂钩到切除爪为止称为屠宰去毛作业，必须与取内脏区完全隔开。此外原挂钩链转回活禽作业区，而将禽只重新悬挂在另一条清洁的挂钩系统上。禽类内脏的取出有全净膛，即将全部内脏取出；半净膛，仅拉出全部肠和胆囊；不净膛，全部内脏保留在腔内。

（八）检验、修整、包装

掏出内脏后，经检验、修整、包装入库贮藏。在库温−24℃条件下，经 12～

24 h 使肉温达到−12℃即可贮藏。

（九）屠宰率的测定

指屠宰体重占活重的比率。屠宰率高的个体，产肉也多。

$$屠宰率（\%）=\frac{屠体重（kg）}{活重（kg）}\times 100\%$$

屠体重指放血脱毛后的重量；活重指宰前停喂 12 h 后的重量。

任务三　畜禽肉的分割

肉的分割是按不同国家、不同地区的分割标准将胴体进行分割，以便进一步加工或直接供给消费者。分割肉是指宰后经兽医卫生检验合格的胴体，按分割标准及不同部位肉的组织结构分割成不同规格的肉块，经冷却、包装后的加工肉。

一、猪肉的分割

我国猪肉分割通常将半胴体分为肩、背、腹、臀、腿几大部分（图 2-1）。

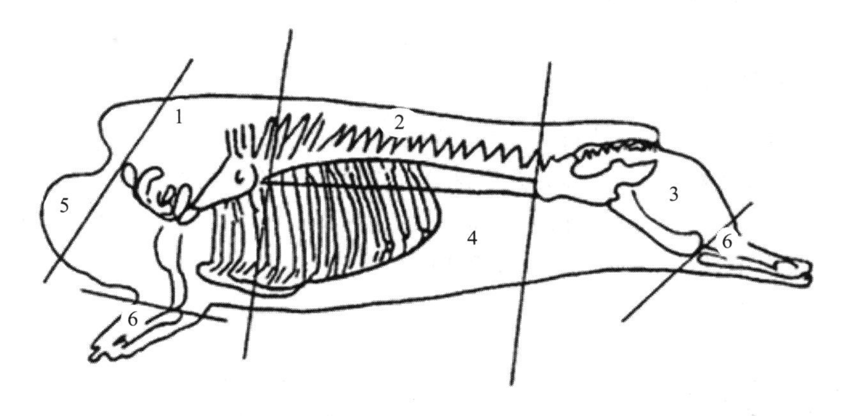

1．肩颈肉；2．背腰肉；3．臀腿肉；4．肋腹肉；5．前颈肉；6．肘子肉

图 2-1　我国猪胴体部位分割图

资料来源：《畜产品加工学》，周光宏，2002。

1．肩颈肉

俗称前槽、夹心。前端从第 1 颈椎，后端从第 4～5 胸椎或第 5～6 根肋骨间，与背线成直角切断。下端如做火腿则从肘关节切断，并剔除椎骨、肩胛骨、臂骨、胸骨和肋骨。

2．背腰肉

俗称外脊、大排、硬肋、横排。前面去掉肩颈部，后面去掉臀腿部，余下的中段肉体从脊椎骨下 4～6 cm 处平行切开，上部即为背腰部。

3．臀腿肉

俗称后腿、后丘。从最后腰椎与荐椎结合部和背线成直线垂直切断，下端则根据不同用途进行分割：如作分割肉、鲜肉出售，从膝关节切断，剔除腰椎、荐椎骨、股骨、去尾；如作火腿则保留小腿后蹄。

4．肋腹肉

俗称软肋、五花。与背腰部分离，切去奶脯即是。

5．前颈肉

俗称脖子、血脖。从第 1～2 颈椎处，或 3～4 颈椎处切断。

6．前臂和小腿肉

俗称肘子、蹄膀。前臂上从肘关节下从腕关节切断，小腿上从膝关节下从跗关节切断。

二、牛、羊肉的分割

（一）牛肉分割

将标准的牛胴体二分体首先分割成臀腿肉、腹部肉、腰部肉、胸部肉、肋部肉、肩颈肉、前腿肉、后腿肉共八个部分（图 2-2）。在此基础上再进一步分割成牛柳、西冷、眼肉、上脑、嫩肩肉、胸肉、腱子肉、腰肉、臀肉、膝圆、大米龙、小米龙、腹肉 13 块不同的肉块（图 2-3）。

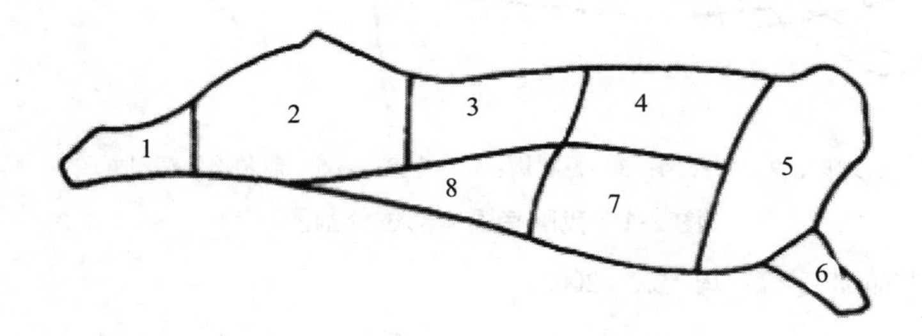

1．后腿肉；2．臀腿肉；3．后腰肉；4．肋部肉；5．颈肩肉；6．前腿肉；7．胸部肉；8．腹部肉

图 2-2 我国牛胴体部位分割图

资料来源：《畜产品加工学》，周光宏，2002。

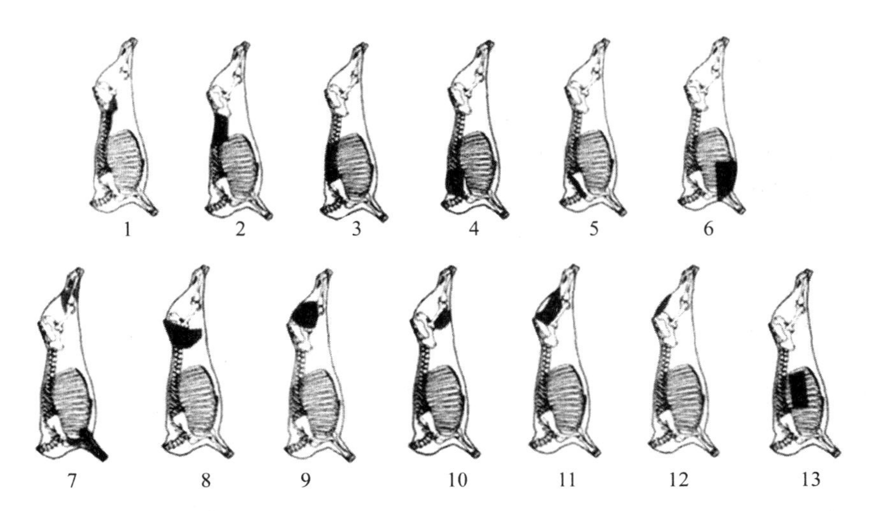

1．牛柳；2．西冷；3．眼肉；4．上脑；5．嫩肩肉；6．胸肉；7．腱子肉；8．腰肉；9．臀肉；10．膝圆；11．大米龙；12．小米龙；13．腹肉

图 2-3　我国牛肉分割图（阴影部）

资料来源：《畜产品加工学》，周光宏，2002。

1．牛柳

牛柳又称里脊，即腰大肌。分割时先剥去肾脂肪，沿耻骨前下方将里脊剔出，然后由里脊头向里脊尾逐个剥离腰横突，取下完整的里脊。

2．西冷

西冷又称外脊，主要是背最长肌。分割时首先沿最后腰椎切下，然后沿眼肌腹壁侧（离眼肌 5～8 cm）切下。再在第 12～13 胸肋处切断胸椎，逐个剥离胸、腰椎。

3．眼肉

眼肉主要包括背阔肌、肋最长肌、肋间肌等。其一端与外脊相连，另一端在第 5～6 胸椎处，分割时先剥离胸椎，抽出筋腱，在眼肌腹侧距离为 8～10 cm 处切下。

4．上脑

上脑主要包括背最长肌、斜方肌等。其一端与眼肉相连，另一端在最后颈椎处。分割时剥离胸椎，去除筋腱，在眼肌腹侧距离为 6～8 cm 处切下。

5．嫩肩肉

主要是三角肌。分割时循眼肉横切面的前端继续向前分割，可得一圆锥形的肉块，便是嫩肩肉。

6．胸肉

胸肉主要包括胸升肌和胸横肌等。在剑状软骨处，随胸肉的自然走向剥离，修去部分脂肪即成一块完整的胸肉。

7．腱子肉

腱子分为前、后两部分，主要是前肢肉和后肢肉。前牛腱从尺骨端下刀，剥离骨头，后牛腱从胫骨上端下切，剥离骨头取下。

8．腰肉

腰肉主要包括臀中肌、臀深肌、股阔筋膜张肌。在臀肉、大米龙、小米龙、膝圆取出后，剩下的一块肉便是腰肉。

9．臀肉

臀肉主要包括半膜肌、内收肌、股薄肌等。分割时把大米龙、小米龙剥离后便可见到一块肉，沿其边缘分割即可得到臀肉。也可沿着被切的盆骨外缘，再沿本肉块边缘分割。

10．膝圆

膝圆主要是臀股四头肌。当大米龙、小米龙、臀肉取下后，能见到一块长圆形肉块，沿此肉块周边（自然走向）分割，很容易得到一块完整的膝圆肉。

11．大米龙

大米龙主要是臀股二头肌。与小米龙紧接相连，故剥离小米龙后大米龙就完全暴露，顺该肉块自然走向剥离，便可得到一块完整的四方形肉块即为大米龙。

12．小米龙

小米龙主要是半腱肌，位于臀部。当牛后腱子取下后，小米龙肉块处于最明显的位置。分割时可按小米龙肉块的自然走向剥离。

13．腹肉

腹肉主要包括肋间内肌、肋间外肌等，也即肋排，分无骨肋排和带骨肋排。一般包括4～7根肋骨。

（二）羊肉的分割

以美国羊胴体的分割为例，羊胴体可被分割成腿部肉、腰部肉、腹部肉、胸部肉、肋部肉、前腿肉、颈部肉、肩部肉。在部位肉的基础上再进一步分割成零售肉块。羊胴体部位分割见图2-4。

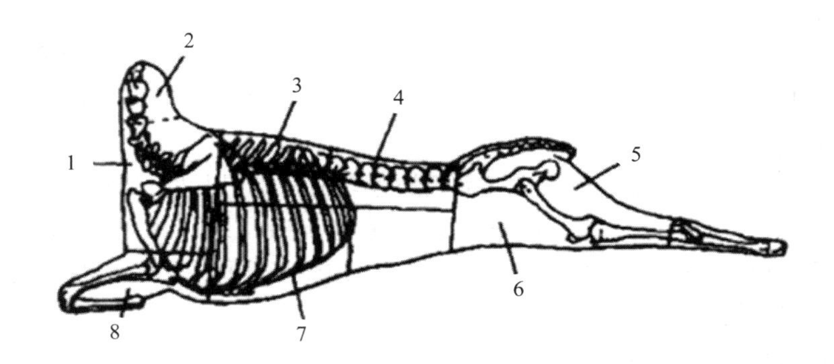

1．肩部肉；2．颈部肉；3．肋排肉；4．腰部肉；5．腿部肉；6．腹部肉；7．胸部肉；8．前腿肉

图 2-4 美国羊胴体的分割图

资料来源：《畜产品加工学》，周光宏，2002。

三、禽肉分割

禽胴体分割的方法有三种：平台分割、悬挂分割、按片分割。前两种适于鸡，后一种适于鹅、鸭。通常鹅分割为头、颈、爪、胸、腿等 8 件；躯干部分成 4 块（1 号胸肉、2 号胸肉、1 号腿肉和 2 号腿肉）。鸭肉分割为 6 件；躯干部分为 2 块（1 号鸭肉、2 号鸭肉）。日本对肉鸡分割分很细，分为主品种、副品种及二次品种 3 大类共 30 种。我国大体上分为腿部、胸部、翅爪及脏器类。

四、分割肉的包装

肉在常温下的货架期只有半天，冷藏鲜肉 2～3 d，充气包装生鲜肉 14 d，真空包装生鲜肉约 30 d，真空包装加工肉约 40 d，冷冻肉则在 4 个月以上。目前，分割肉越来越受到消费者的喜爱，因此分割肉的包装也日益引起加工者的重视。

1．分割鲜肉的包装

分割鲜肉的包装材料透明度要高，便于消费者看清生肉的本色。其透氧率较高，以保持氧合肌红蛋白的鲜红颜色；透水率（水蒸气透过率）要低，防止生肉表面的水分散失，造成色素浓缩，肉色发暗，肌肉发干收缩；薄膜的抗湿强度高，柔韧性好，无毒性，并具有足够的耐寒性。但为控制微生物的繁殖，也可用阻隔性高（透氧率低）的包装材料。

为了维护肉色鲜红，薄膜的透氧率（24 h，1 标准大气压，23℃）至少要大于 5 000 ml/m^2。如此高的透氧率，使得鲜肉货架期只有 2～3 d。真空包装材料的透氧率（24 h，1 标准大气压，23℃）应小于 40 ml/m^2，这虽然可使货架期延长到 30 d，但肉的颜色则呈还原状态的暗紫色。一般真空包装复合材料为 EVA/PVDC（聚偏二氯乙烯）/EVA，PP（聚丙烯）/PVDC/PP，尼龙/LDPE（低密度聚乙烯），尼龙/Surlgn（离子型树脂）。

充气包装是以混合气体充入透气率低的包装材料中，以达到维持肉颜色鲜红，控制微生物生长的目的。另一种充气包装是将鲜肉用透气性好但透水率低的 HDPE（高密度聚乙烯）/EVA 包装后，放在密闭的箱子里，再充入混合气体，以达到延长鲜肉货架期、保持鲜肉良好颜色的目的。

2．冷冻分割肉的包装

冷冻分割肉的包装采用可封性复合材料（至少含有一层以上的铝箔基材）。代表性的复合材料有：PET（聚酯薄膜）/PE（聚乙烯）/AL（铝箔）/PE，MT（玻璃纸）/PE/AL/PE。冷冻的肉类坚硬，包装材料中间夹层使用聚乙烯能够改善复合材料的耐破强度。目前，国内大多数厂家考虑经济问题更多地采用塑料薄膜。

【复习思考题】

1．畜禽宰前选择有何原则及具体要求？
2．畜禽宰前为什么要休息、禁食、饮水？有何具体要求？
3．畜禽宰前电击昏有何好处？ 电压、电流及电昏时间有何要求？
4．影响畜禽放血的因素有哪些？放血不良对制品会产生何种影响？
5．畜禽烫毛对水温有何要求？对屠体产生什么影响？
6．屠宰加工主要包括哪些工序？
7．试述我国猪肉的分割方法。
8．试述我国牛、羊肉的分割方法。
9．试述我国禽肉的分割方法。
10．分割肉加工对包装有何具体要求？

模块三　肉的宰后生理变化及品质评定

任务一　肉的宰后生理变化

畜禽屠宰后，屠体的肌肉内部在组织酶和外界微生物的作用下，发生一系列生化变化，动物刚屠宰后，肉温还没有散失，柔软具有较小的弹性，这种处于生鲜状态的肉称作热鲜肉。经过一定时间，肉的伸展性消失，肉体变为僵硬状态，这种现象称为死后僵直，此时加热不易煮熟，保水性差，加热后重量损失大，不适于加工肉制品。随着贮藏时间的延长，僵直缓解，经过自身解僵，肉变得柔软，同时保水性增加，风味提高，此过程称作肉的成熟。成熟肉在不良条件下贮存，经酶和微生物的作用，分解变质称作肉的腐败。畜禽屠宰后肉的变化为：尸僵、成熟、腐败等一系列变化。在肉品工业生产中，要控制尸僵、促进成熟、防止腐败。

一、尸僵

（一）尸僵的概念

畜禽屠宰后的肉尸，肉的伸展性逐渐消失，由弛缓变为紧张，无光泽，关节不能活动，呈现僵硬状态，称作尸僵。

（二）尸僵发生的原因

尸僵发生的原因主要是 ATP 的减少及 pH 的下降。动物屠宰后，呼吸停止，失去神经调节，生理代谢机能遭到破坏，维持肌质网微小器官机能的 ATP 水平降低，势必使肌质网机能失常，肌小胞体失去钙泵作用，Ca^{2+}失控逸出而不被收回。高浓度 Ca^{2+}激发了肌球蛋白 ATP 酶的活性，从而加速 ATP 的分解。同时使 Mg-ATP 解离，最终使肌动蛋白与肌球蛋白结合形成肌动球蛋白，引起肌肉的收缩，表现为僵硬。由于动物死后，呼吸停止，在缺氧情况下糖原酵解产生乳酸，同时磷酸肌酸分解为磷酸，酸性产物的蓄积使肉的 pH 下降。尸僵时肉的 pH 降低至糖酵解酶活性消失不再继续下降时，达到最终 pH 或极限 pH。极限 pH 越低，肉的硬度越大。

（三）尸僵肉的特征

处于僵硬期的肉，肌纤维粗糙硬固，肉汁变得不透明，有不愉快的气味，食用价值及滋味都较差。尸僵的肉硬度大，加盐时不易煮熟，肉汁流失多，缺乏风味，不具备可食肉的特征。

（四）尸僵开始和持续的时间

因动物的种类、品种、宰前状况、宰后肉的变化及不同部位而异。一般哺乳动物发生较晚，鱼类肉尸发生早，不放血致死较放血致死发生早，温度高发生的早，持续的时间短；温度低则发生得晚，持续时间长。表 3-1 为不同动物尸僵开始和持续的时间。

表 3-1　不同动物尸僵开始和持续的时间　单位：h

	开始时间	持续时间
牛肉尸	死后 10	15～24
猪肉尸	死后 8	72
鸡肉尸	死后 2.5～4.5	6～12
兔肉尸	死后 1.5～4	4～10
鱼肉尸	死后 0.1～0.2	2

二、肉的成熟

肉达到最大尸僵以后即开始解僵软化进入成熟阶段。

（一）肉成熟的概念

肉成熟是指肉僵直后在无氧酵解酶作用下，食用质量得到改善的一种生物化学变化过程。肉僵硬过后，肌肉开始柔软嫩化，变得有弹性，切面富含水分，具有愉快香气和滋味，且易于煮烂和咀嚼，这种肉称为成熟肉。

（二）成熟的基本机制

肉在成熟期间，肌原纤维和结缔组织的结构发生明显的变化。

1. 肌原纤维小片化

刚屠宰后的肌原纤维和活体肌肉一样，是 10～100 个肌节相连的长纤维状，而在肉成熟时则断裂为 1～4 个肌节相连的小片状（图 3-1）。

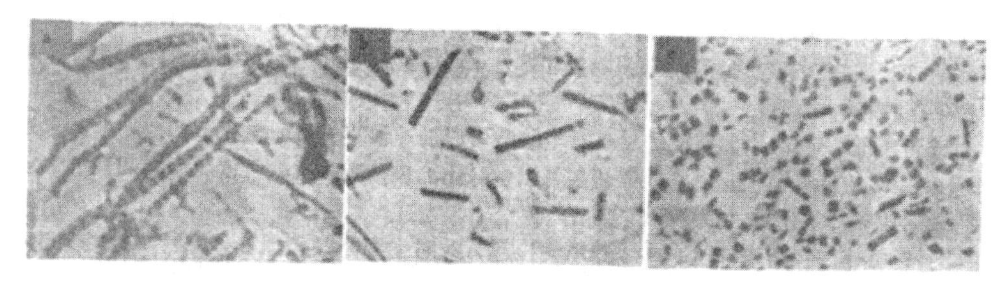

a. 屠宰后　　b. 5℃成熟 5 h　　c. 5℃已成熟 48 h

图 3-1 成熟过程中肌原纤维（鸡胸肉）的小片化

资料来源：《畜产品加工学》，周光宏，2002。

2. 结缔组织的变化

肌肉中结缔组织的含量虽然很低（占总蛋白的 5%以下），但是由于其性质稳定、结构特殊，在维持肉的弹性和强度上起着非常重要的作用。在肉的成熟过程中胶原纤维的网状结构被松弛，由规则、致密的结构变成无序、松散的状态（图 3-2）。同时，存在于胶原纤维间以及胶原纤维上的黏多糖被分解，这可能是造成胶原纤维结构变化的主要原因。胶原纤维结构的变化，直接导致了胶原纤维剪切力的下降，从而使整个肌肉的嫩度得以改善。

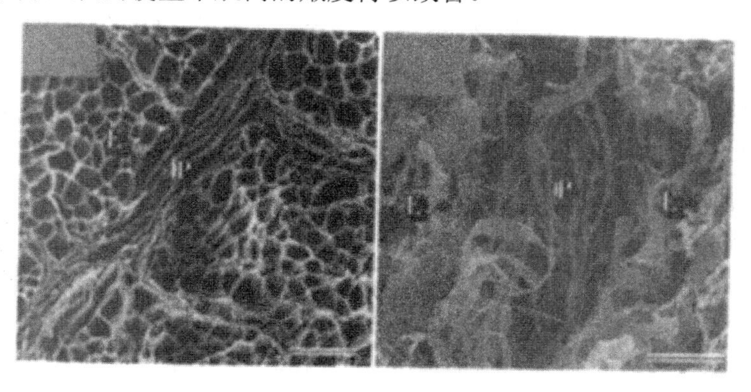

a. 屠宰后　　b. 5℃成熟 28 d

图 3-2 成熟过程中结缔组织结构变化（牛肉）

资料来源：《畜产品加工学》，周光宏，2002。

（三）成熟肉的特征

肉呈酸性环境；肉的横切面有肉汁流出，切面潮湿，具有芳香味和微酸味，容易煮烂，肉汤澄清透明，具肉香味；肉表面形成干膜，有羊皮纸样感觉，可防止微生物的侵入和减少干耗。肉在供食用之前，原则上都需要经过成熟过程来改进其品质，特别是牛肉和羊肉，成熟对提高风味是非常必要的。

（四）成熟对肉质的作用

1．嫩度的改善

随着肉成熟的发展，肉的嫩度产生显著的变化。刚屠宰之后肉的嫩度最好，在极限 pH 时嫩度最差。成熟肉的嫩度有所改善。

2．肉保水性的提高

肉在成熟时，保水性又有回升。一般宰后 2～4 d，pH 下降，极限 pH 在 5.5 左右，此时水合率为 40%～50%；最大尸僵期以后 pH 为 5.6～5.8，水合率可达 60%。因此成熟时 pH 偏离了等电点，肌动球蛋白解离，扩大了空间结构和极性吸引，使肉的吸水能力增强，肉汁的流失减少。

3．蛋白质的变化

肉成熟时，肌肉中许多酶类对某些蛋白质有一定的分解作用，从而促使成熟过程中肌肉中盐溶性蛋白质的浸出性增加。伴随肉的成熟，蛋白质在酶的作用下，肽链解离，使游离的氨基增多，肉水合力增强，变得柔嫩多汁。

4．风味的变化

成熟过程中改善肉风味的物质主要有两类，一类是 ATP 的降解物——次黄嘌呤核苷酸（IMP），另一类则是组织蛋白酶类的水解产物——氨基酸。随着成熟，肉中浸出物和游离氨基酸的含量增加，多种游离氨基酸存在，但是谷氨酸、精氨酸、亮氨酸、缬氨酸和甘氨酸较多，这些氨基酸都具有增加肉的滋味或有改善肉质香气的作用。

（五）成熟的温度和时间

原料肉成熟温度和时间不同，肉的品质也不同（表 3-2）。

通常在 1℃、硬度消失 80%的情况下，肉成熟成年牛肉需 5～10 d，猪肉 4～6 d，马肉 3～5 d，鸡 1/2～1 d，羊和兔肉 8～9 d。

成熟的时间越长，肉越柔软，但风味并不相应地增强。牛肉以 1℃、11 d 成熟为最佳；猪肉由于不饱和脂肪酸较多，时间长易氧化使风味变劣。羊肉因自然硬度（结缔组织含量）小，通常采用 2～3 d 成熟。

表 3-2 成熟方法与肉品质量

0～4℃	低温成熟	时间长	肉质好	耐贮藏
7～20℃	中温成熟	时间较短	肉质一般	不耐贮藏
＞20℃	高温成熟	时间短	肉质劣化	易腐败

（六）影响肉成熟的因素

1. 物理因素

（1）温度。温度对嫩化速率影响很大，它们之间呈正相关，在 0～4℃范围内，每增加 10℃，嫩化速度提高 2.5 倍。当温度高于 60℃后，由于有关酶类蛋白变性，导致速率迅速下降，所以加热烹调就终断了肉的嫩化过程。据测试牛肉在 1℃完成 80%的嫩化需 10 d，在 10℃缩短到 4 d，而在 20℃只需要 1.5 d。在卫生条件好的环境中，适当提高温度可以缩短成熟期。

（2）电刺激。在肌肉僵直发生后进行电刺激可以加速僵直发展，嫩化也随着提前，减少成熟所需要的时间，如一般需要成熟 10 d 的牛肉，应用电刺激后则只需 5 d。

（3）机械作用。肉成熟时，将跟腱用钩挂起，此时主要是腰大肌受牵引。如果将臀部用钩挂起，不但腰大肌短缩被抑制而半腱肌、半膜肌、背最长肌均受到拉伸作用，可以得到较好的嫩度。

2. 化学因素

宰前注射肾上腺素、胰岛素等使动物在活体时加快糖的代谢过程，肌肉中糖原大部分被消耗或从血液排除。宰后肌肉中糖原和乳酸含量减少，肉的 pH 较高，6.4～6.9 的水平，肉始终保持柔软状态。

3. 生物学因素

基于肉内蛋白酶活性可以促进肉质软化考虑，采用添加蛋白酶强制其软化。用微生物和植物酶，可使固有硬度尸僵硬度都减少，常用的有木瓜酶。方法可以采用在宰前静脉注射或宰后肌肉注射，宰前注射能够避免脏器损伤和休克死亡。木瓜酶的作用最适温度≥50℃，低温时也有作用。

三、肉的腐败

（一）腐败的概念

肉类的腐败是成熟过程的继续。肌肉中的蛋白质在组织酶的作用下，分解生成水溶性蛋白肽及氨基酸完成了肉的成熟。若成熟继续进行，蛋白质进一步水解，生成胺、氨、硫化氢、酚、吲哚、粪嗅素、硫化醇，则发生蛋白质的腐败。同时发生脂肪的酸败和糖的酵解，产生对人体有害的物质，称为肉的腐败。

（二）腐败的原因

健康动物的血液和肌肉通常是无菌的，肉类的腐败实际上是由外界污染的微生物在其表面繁殖所致。表面微生物沿血管进入肉的内层，并进而伸入肌肉组织。在适宜条件下，浸入肉中的微生物大量繁殖，以各种各样的方式对肉作用，产生许多对人体有害甚至使人中毒的代谢产物。

1．微生物对糖类的作用

许多微生物均优先利用糖类作为其生长的能源。好气性微生物在肉表面的生长，通常把糖完全氧化成二氧化碳和水。如果氧的供应受阻或因其他原因氧化不完全时，则可有一定程度的有机酸积累，肉的酸味即由此而来。

2．微生物对脂肪的腐败作用

微生物对脂肪可进行两类酶促反应：一是由其所分泌的脂肪酶分解脂肪，产生游离脂肪酸和甘油。霉菌以及细菌中的假单胞菌属、无色菌属、沙门氏菌属等都是能产生脂肪分解酶的微生物；另一种则是由氧化酶通过β-氧化作用氧化脂肪酸。这些反应的某些产物常被认为是酸败气味和滋味的来源。但是，肉和肉制品中严重的酸败问题不是由微生物所引起的，而是因空气中的氧，在光线、温度以及金属离子催化下进行氧化的结果。

3．微生物对蛋白质的腐败作用

微生物对蛋白质的腐败作用是各种食品变质中最复杂的一种，这与天然蛋白质的结构非常复杂，以及腐败微生物的多样性密切相关。有些微生物如梭状芽胞菌属、变形杆菌属和假单胞菌属的某些种类以及其他的种类，可分泌蛋白质水解酶，迅速把蛋白质水解成可溶性的多肽和氨基酸。而另一些微生物尚可分泌水解明胶和胶原的明胶酶和胶原酶，以及水解弹性蛋白质和角蛋白质的弹性蛋白酶和角蛋白酶。有许多微生物不能作用于蛋白质，但能对游离氨基酸及低肽起作用，将氨基酸氧化脱氨生成胺和相应的酮酸。另一种途径则是使氨基酸脱去羧基，生成相应的胺。此外，有些微生物尚可使某些氨基酸分解，产生吲哚、甲基吲哚、甲胺和硫化氢等。在蛋白质、氨基酸的分解代谢中，酪胺、尸胺、腐胺、组胺和吲哚等对人体有毒，而吲哚、甲基吲哚、甲胺硫化氢等则具恶臭，是肉类变质臭味之所在。

（三）影响肉腐败的因素

影响肉腐败变质的因素很多，如温度、湿度、pH、渗透压、空气中的含氧量等。温度是决定微生物生长繁殖的重要因素，温度越高繁殖发育越快。水分是仅次于温度决定肉食品微生物生长繁殖的因素，一般霉菌和酵母菌比细菌耐受较高的渗透压，pH 对细菌的繁殖极为重要，所以肉的最终 pH 对防止肉的腐败具有十分重要的意义。空气中含氧量越高，肉的氧化速度加快，就越易腐败变质。

任务二 各种畜禽肉的特征及品质评定

一、各种畜禽肉的特征

1. 牛肉

正常的牛肉呈红褐色，组织硬而有弹性。营养状况良好的牛，肉组织间夹杂着白色的脂肪，形成所谓“大理石状”。有特殊的风味，其成分大约为：水分 73%，蛋白质 20%，脂肪 3%～10%。鉴定牛肉时根据风味、外观、脂肪等即可以大致评定。

2. 猪肉

肉色鲜红而有光泽，因部位不同，肉色有差异。肌肉紧密，富有弹性，无其他异常气味，具有肉的自然香味，脂肪的蓄积量比其他肉多，凡脂肪白而硬且带有芳香味时，一般是优等的肉。

3. 绵羊肉及山羊肉

绵羊肉的纤维细嫩，有一种特殊的风味，脂肪硬。山羊肉比绵羊肉带有浓厚的红土色。种公羊有特殊的腥臭味，屠宰时应加以适当的处理。幼绵羊及幼山羊的肉，俗称羔羊肉，味鲜美细嫩，有特殊风味。

4. 鸡肉

鸡肉纤维细嫩，部位不同，颜色也有差异。腿部略带灰红色，胸部及其他部分呈白色。脂肪柔软、熔点低。鸡皮组织以结缔组织为主，富于脂肪而柔软，味美。

5．兔肉

肉色粉红，肉质柔软，具有一种特殊清淡风味。脂肪在外观上柔软，但熔点高。因此，兔肉本身味道很清淡。

二、肉品质的感官评定

感官鉴定对肉品加工选择原料方面有重要的作用。感官鉴定主要从以下几个方面进行：视觉——肉的组织状态、粗嫩、黏滑、干湿、色泽等；嗅觉——气味的有无、强弱、香、臭、腥臭等；味觉——滋味的鲜美、香甜、苦涩、酸臭等；触觉——坚实、松弛、弹性、拉力等；听觉——检查冻肉、罐头的声音的清脆、混浊及虚实等。

1．新鲜肉

外观、色泽、气味都正常，肉表面有稍带干燥的“皮膜”，呈浅玫瑰色或淡红色；切面稍带潮湿而无黏性，并具有各种动物肉特有的光泽；肉汁透明肉质紧密，富有弹性；用手指按摸时凹陷处立即复原；无酸臭味而带有鲜肉的自然香味；骨骼内部充满骨髓并有弹性，带黄色，骨髓与骨的折断处相齐；骨的折断处发光；腱紧密而具有弹性，关节表面平坦而发光，其渗出液透明。

2．陈旧肉

肉的表面有时带有黏液，有时很干燥，表面与切口处都比鲜肉发暗，切口潮湿而有黏性。如在切口处盖一张吸水纸，会留下许多水迹。肉汁混浊无香味，肉质松软，弹性小，用手指按摸，凹陷处不能立即复原，有时肉的表面发生腐败现象，稍有酸霉味，但深层还没有腐败的气味。

密闭煮沸后有异味，肉汤混浊不清，汤的表面油滴细小，有时带腐败味。骨髓比新鲜的软一些，无光泽，带暗白色或灰色，腱柔软，呈灰白色或淡灰色，关节表面为黏液所覆盖，其液混浊。

3．腐败肉

表面有时干燥，有时非常潮湿而带黏性。通常在肉的表面和切口有霉点，呈灰白色或淡绿色，肉质松软无弹力，用手按摸时，凹陷处不能复原，不仅表面有腐败现象，在肉的深层也有浓厚的酸败味。

密闭煮沸后，有一股难闻的臭味，肉汤呈污秽状，表面有絮片，汤的表面几乎没有油滴。骨髓软弱无弹性，颜色暗黑，腱潮湿呈灰色，为黏液所覆盖。关节表面由黏液深深覆盖，呈血浆状。

【复习思考题】

1．简述影响肉嫩度的因素？肉的嫩化技术有哪些？
2．何谓肉的保水性？影响因素主要有哪些？
3．影响肉风味的主要因素有哪些？
4．何谓肉的尸僵？尸僵肉有哪些特征？
5．何谓肉的成熟？影响肉成熟的因素有哪些？
6．简述肉变质的原因及影响肉变质的因素。

模块四　肉的贮藏与保鲜

肉中含有丰富的营养物质，是微生物繁殖的优良场所，如控制不当，外界微生物会污染肉的表面，并大量繁殖致使肉腐败变质，失去食用价值，甚至会产生对人体有害的毒素，引起食物中毒。另外酶类也会使肉产生一系列的变化，在一定程度上可改善肉质，但若控制不当，也会造成肉的变质。肉的贮藏保鲜就是通过抑制或杀灭微生物，钝化酶的活性，延缓肉内部物理、化学变化，达到较长时间贮藏保鲜的目的。肉及肉制品的贮藏方法很多，如冷却、冷冻、高温处理、辐射、盐腌、熏烟等。所有这些方法都是通过抑菌来达到目的的。

任务一　肉的低温保藏

低温保藏是现代肉类贮藏的最好方法之一，它不会引起肉的组织结构和性质发生根本变化，却能抑制微生物的生命活动，延缓由组织酶、氧以及热和光的作用而产生的化学和生物化学的过程，可以较长时间保持肉的品质。在众多贮藏方法中低温冷藏是应用最广泛、效果最好、最经济的方法。被认为是目前肉类贮藏的最佳方法之一。

一、低温保藏的原理

微生物的生长繁殖和肉中固有酶的活动常是导致肉类腐败的主要原因。低温可以抑制微生物的生命活动和酶的活性，从而达到贮藏保鲜的目的，由于其方法易行、冷藏量大、安全卫生并能保持肉的颜色和状态，因而被广泛采用。

（一）低温对微生物的作用

任何微生物都具有正常生长繁殖的温度范围，温度越低，它们的活动能力就越弱，故降低温度能减缓微生物生长和繁殖的速度。当温度降到微生物最低生长点时，其生长和繁殖被抑制或出现死亡。一般微生物的最低生长温度在 0℃以上，但许多嗜冷菌的最低生长温度低于 0℃，如霉菌、酵母菌在−8℃低温条件下仍可看到孢子发芽，−10℃低温下才被抑制。

低温导致微生物活力减弱和致死的原因主要有两方面：一是微生物的新陈代谢受到破坏，二是细胞结构的破坏，两者是相互关联的。正常情况下，微生物细胞内各种生化反应总是相互协调一致的。温度越低，失调程度越大，从而破坏了微生物细胞内的正常新陈代谢，以致它们的生活机能受到抑制甚至达到完全终止的程度。

（二）低温对酶的作用

酶是有机体组织中的一种特殊蛋白质，具有生物催化剂的作用。酶的活性与温度有密切关系。肉类中大多数酶的适宜活动温度在 37～40℃。温度每下降 10℃，酶活性就会减少 1/3～1/2。酶对低温的感受性不像高温那样敏感，当温度达到 80～90℃时，几乎所有酶都失活。然而极低的温度条件对酶活性的作用也仅是部分抑制，而不是完全停止。例如脂肪酶在−35℃尚不失去活性。由此可以理解在低温下贮藏的肉类，有一定的贮藏期限。

二、肉的冷却

（一）冷却肉的概念

刚屠宰的畜禽，肌肉的温度通常在 38～41℃，这种尚未失去生前体温的肉叫热鲜肉。在 0℃条件下将热鲜肉冷却到深层温度 0～4℃时，称为冷却肉。肉类的冷却就是将屠宰后的胴体，吊挂在冷却室内，使其冷却到最厚处的深层温度达到 0～4℃的过程。

（二）冷却的目的

冷却概念在上面已有所涉及。刚屠宰的肉由于温度约 37℃，同时由于肉的“后熟”作用，在肝糖分解时还要产生一定的热量，使肉体湿度处于上升的趋势，这种温度再结合其表面潮湿，最适宜于微生物的生长和繁殖，对于肉的保藏是极为不利的。

肉类冷却的直接目的在于，迅速排除肉体内部的含热量，降低肉体深层的温度，延缓微生物对肉的渗入和在其表面上的发展。实现这一目的，不仅在于温度的降低，还在于表面上形成一层干膜，延长肉的保藏期，并且能够减缓肉体内部水分的蒸发。

此外，冷却也是冻结的准备过程，对于整胴体或半胴体的冻结，由于肉层厚度较厚，若用一次冻结（即不经过冷却，直接冻结），常是表面迅速冻结，而内层的热量却不易散发，从而使肉的深层产生“变黑”等不良现象，影响成品质量。同时一次冻结，因温度差过大，肉体表面水分的蒸发压力相应增大，引起水分的大量蒸发，从而影响肉体的重量和质量变化，除小块肉及副产品之外，一般均先冷却，然后再行冻结。当然在国内一些肉类加工企业中，也有采用不经过冷却进行一次冻结的方法。

（三）冷却条件及方法

1. 冷却条件的选择

（1）空气温度的选择。肉类在冷却过程中，虽然其冰点为-1℃左右，但它却能冷到-10～-6℃，使肉体短时间内处于冰点及过冷温度之间的条件下，不致发生冻结。从冷却曲线可以看出，肉体热量大量导出，是在冷却的开始阶段，因此冷却间在未进料前，应先降至-4℃左右，这样等进料结束后，可以使库温维持在0℃左右，而不会过高，随后的整个冷却过程中，维持在-1～0℃。如温度过低有引起冻结的可能，温度高则会延缓冷却速度。

（2）空气相对湿度的选择。水分是助长微生物活动的因素之一，因此空气湿度越大，微生物活动能力越强，尤其是霉菌。过高的湿度无法使肉体表面形成一层良好的干燥膜。湿度太低，重量损耗太多，所以选择空气相对湿度时应从多方面综合考虑。

在整个冷却过程中，初始阶段冷却介质与冷却物体间的湿差越大，则冷却速度越快，表面水分的蒸发量在开始的 1/4 时间内，约占总干缩量的 1/2。因此，空气相对湿度也可分两阶段：在前一阶段（约开始 1/4 时间），以维持在 95%以上为宜，即相对湿度越高越好，以尽量减少水分蒸发，由于时间较短（6～8 h），微生物不至于大量繁殖；在后一阶段（约占 3/4 时间），则维持在 90%～95%之间，在临近结束时则在 90%左右。这样既能使胴体表面尽快地结成干燥膜，而又不会过分干缩。

（3）空气流动速度的选择。由于空气的热容量很小，不及水的 1/4，因此对热量的接受能力很弱。同时因其导热系数小，故在空气中冷却速度缓慢。所以在其他参数不变的情况下，只有增加空气流速来达到冷却速度的目的。静止空气放热系数为 12.54～33.44 kJ/（m^2·h·℃）。空气流速为 2 m/s，则放热系数可增加到 52.25 kJ/（m^2·h·℃）。但过强的空气流速，会大大增加肉表面干缩和耗电量，冷却速度却增加不大。因此在冷却过程中以不超过 2 m/s 为合适，一般采用 0.5 m/s 左右，或每小时 10～15 个冷库容积。

2. 冷却方法

冷却方法有空气冷却、水冷却、冰冷却和真空冷却等。我国主要采用空气冷却法。

进肉之前，冷却间温度降至−4℃左右。进行冷却时，把经过冷晾的胴体沿吊轨推入冷却间，胴体间距保持 3～5 cm，以利于空气循环和较快散热，当胴体最厚部位中心温度达到 0～4℃时，冷却过程即可完成。冷却操作时要注意以下几点：

（1）胴体要经过修整，检验和分级。

（2）冷却间符合卫生要求。

（3）吊轨间的胴体按“品”字形排列。

（4）不同等级的肉，要根据其肥度和重量的不同，分别吊挂在不同位置。肥重的胴体应挂在靠近冷源和风口处。薄而轻的胴体挂在距排风口的远处。

（5）进肉速度快，并应一次完成进肉。

（6）冷却过程中尽量减少人员进出冷却间，保持冷却条件稳定，减少微生物污染。

（7）在冷却间按每立方米平均 1W 的功率安装紫外线灯，每昼夜连续或间隔照射 5 h。

（8）冷却终温的检查。胴体最厚部位中心温度达到 0～4℃，即达到冷却终点。

一般冷却条件下，牛半片胴体的冷却时间为 48 h，猪半片胴体为 24 h 左右，羊胴体约为 18 h。

（四）冷却肉的贮藏

经过冷却的肉类，一般在−1～1℃的冷藏间（或排酸库），一方面可以完成肉的成熟（或排酸），另一方面达到短期贮藏的目的。冷藏期间温度要保持相对稳定，以不超出上述范围为宜。进肉或出肉时温度不得超过 3℃，相对湿度保持在 90%左右，空气流速保持自然循环。冷却肉的贮藏期见表 4-1。

表 4-1 冷却肉的贮藏条件和贮藏期

品名	温度/℃	相对湿度/%	贮藏期/d
牛肉	−1.5～0	90	28～35
小牛肉	−1～0	90	7～21
羊肉	−1～0	85～90	7～14
猪肉	−1.5～0	85～90	7～14
全净膛鸡	0	85～90	7～11
腊肉	−3～0	85～90	30
腌猪肉	−1～0	85～90	120～180

冷却肉在贮藏期间常见变化有干耗、表面发黏和长霉、变色、变软等。在良好卫生条件下，屠宰的畜肉初始微生物总数为10^3～10^4 CFU/cm^2，其中1%～10%在0～4℃下生长。

肉在贮藏期间发黏和长霉是常见的现象，先在表面形成块状灰色菌落，呈半透明，然后逐渐扩大成片状，表面发黏，有异味。防止或延缓肉表面长霉发黏的主要措施是尽量减少胴体最初污染程度和防止冷藏间温度升高。

（五）冷却肉冷藏期间的变化

冷藏条件下的肉，由于水分没有结冰，微生物和酶的活动还在进行，所以易发生干耗，表面发黏、发霉、变色等，甚至产生不愉快的气味。

1．干耗

处于冷却终点温度的肉（0～4℃），其物理化学变化并没有终止，其中以水分蒸发而导致干耗最为突出。干耗的程度受冷藏室温度、相对湿度、空气流速的影响。高温，低湿度，高空气流速会增加肉的干耗。

2．发黏、发霉

这是肉在冷藏过程中，微生物在肉表面生长繁殖的结果，这与肉表面的污染程度和相对湿度有关。微生物污染越严重，温度越高，肉表面越易发黏、发霉。

3．颜色变化

肉在冷藏中色泽会不断地变化，若贮藏不当，牛、羊、猪肉会出现变褐、变绿、变黄、发荧光等。鱼肉产生绿变，脂肪会黄变。这些变化有的是在微生物和酶的作用下引起的，有的是本身氧化的结果。色泽的变化是品质下降的表现。

4．串味

肉与有强烈气味的食品存放在一起，会使肉串味。

5．成熟

冷藏过程中可使肌肉中的化学变化缓慢进行，而达到成熟，目前肉的成熟一般采用低温成熟法即冷藏与成熟同时进行，在0～2℃，相对湿度86%～92%，空气流速为0.15～0.5 m/s，成熟时间视肉的品种而异，牛肉大约需三周。

6．冷收缩

主要是在牛、羊肉上发生，它是屠杀后在短时间进行快速冷却时肌肉产生强烈收缩。这种肉在成熟时不能充分软化。研究表明，冷收缩多发生在宰杀后10 h，肉温降到8℃以下时出现。

三、肉的冷冻

（一）冻结的目的

肉的冻结温度通常为–20～–18℃，在这样的低温下水分结冰，有效地抑制了微生物的生长发育和肉中各种化学反应，使肉更耐贮藏，其贮藏期为冷却肉的 5～50 倍。肉中的水分部分或全部变冰的过程叫做肉的冻结。冷却肉由于贮藏温度在肉的冰点以上，微生物和酶的活动只受到部分抑制，冷藏期短。当肉在 0℃以下冷藏时，随着冻藏温度的降低，温度降到–10℃以下时，冻肉则相当于中等水分食品。大多数细菌在此水分活度（Aw）下不能生长繁殖。当温度下降到–30℃时，肉的 Aw 在 0.75 以下，霉菌和酵母的活动出受到抑制。所以冻藏能有效地延长保藏期，防止肉品质量下降，在肉类加工中得以广泛应用。

表 4-2 低温与肉 Aw 之间的关系

温度/℃	肌肉（含水 75%）中冻结水百分比/%	Aw
0	0	0.993
–1	2	0.990
–2	50	0.981
–3	64	0.971
–4	71	0.962
–5	80	0.953
–10	83	0.907
–20	88	0.823
–30	89	0.746

（二）冻结率

从物理化学角度看，肉是充满组织液的蛋白质胶体系统，其初始冰点比纯水的冰点低（表 4-3）。因此食品要降到 0℃以下才产生冰晶，此冰晶出现的温度即冰结点。随着温度继续降低，水分的冻结量逐渐增多，要使食品内水分全部冻结，温度要降到–60℃。这样低的温度工艺上一般不使用，只要绝大部分水冻结，就能达到贮藏的要求。一般在–30～–18℃。

表 4-3　几种肉类食品的含水量和初始冰点

品　种	含水量/%	初始冰点/℃
牛　肉	71.6	−1.7～−0.6
猪　肉	60	−2.8
鸡　肉	74	−1.5
鱼　肉	70～85	−1.1

一般冷库的贮藏温度为−25～−18℃，食品的冻结温度也大体降到此温度。食品内水分的冻结率即冻结率的近似值为：

$$冻结率（\%）=\left(1-\frac{食品的冻结点}{食品的冻结终温}\right)\times 100\%$$

如食品冻结点是−1℃，降到−5℃时冻结率是 80%。降到−18℃时冻结率为 94.5%。即全部水分的 94.5%已冻结。

大部分食品，在−10～−5℃温度范围内几乎 80%水分结成冰，此温度范围称为最大冰晶形成区。对保证冻肉的品质来说这是最重要的温度区间。

（三）冻结速度

冻结速度对冻肉的质量影响很大。常用冻结时间和单位时间内形成冰层的厚度表示冻结速度。

1．用冻结时间表示

食品中心温度通过最大冰结晶生成带所需时间在30 min之内者，称快速冻结，在 30 min 之外者为缓慢冻结。定为 30 min 是因为在这样的冻结速度下冰晶对肉质的影响最小。

2．用单位时间内形成冰层的厚度表示

因为产品的形状和大小差异很大，如牛胴体和鹌鹑胴体，比较其冻结时间没有实际意义。通常，把冻结速度表示为由肉品表面向热中心形成冰的平均速度。实践上，平均冻结速度可表示为肉块表面各热中心形成的冰层厚度与冻结时间之比。国际制冷协会规定，冻结时间是品温从表面达到 0℃开始，到中心温度达到−10℃所需的时间。冻层厚度和冻结时间单位分别用“cm”和“h”表示，则冻结速度（V）为：

$$V=\frac{冰层厚度(cm)}{冻结时间(h)}$$

冻结速度为 5～10 cm/h 以上的，称为超快速冻结，用液氮或液态 CO_2 冻结小块物品属于超快速冻结；5～10 cm/h 为快速冻结，用平板式冻结机或流化床冻结机可实现快速冻结；1～5 cm/h 为中速冻结，常见于大部分鼓风冻结装置；1 cm/h 以下为慢速冻结，纸箱装肉品在鼓风冻结期间多处在缓慢冻结状态。

（四）冻结速度对肉品质的影响

1. 缓慢冻结

瘦肉中冰形成过程研究表明，冻结过程越快，所形成的冰晶越小。在肉冻结期间，冰晶首先沿肌纤维之间形成和生长，这是因为肌细胞外液的冰点比肌细胞内液的冰点高。缓慢冻结时，冰晶在肌细胞之间形成和生长，从而使肌细胞外液浓度增加。由于渗透压的作用，肌细胞会失去水分进而发生脱水收缩，结果，在收缩细胞之间形成相对少而大的冰晶。

2. 快速冻结

快速冻结时，肉的热量散失很快，使得肌细胞来不及脱水便在细胞内形成了冰晶。换句话说，肉内冰层推进速度大于水蒸气速度。结果在肌细胞内外形成了大量的小冰晶。

冰晶在肉中的分布和大小是很重要的。缓慢冻结的肉类因为水分不能返回其原来的位置，在解冻时会失去较多的肉汁，而快速冻结的肉类不会产生这样的问题，所以冻肉的质量高。此外，冰晶的形状有针状、棒状等不规则形状，冰晶大小从 100 μm 到 800 μm 不等。如果肉块较厚，冻肉的表层和深层所形成的冰晶不同，表层形成的冰晶体积小数量多，深层形成的冰晶少而大。

（五）冷冻方法

1. 静止空气冷冻法

空气是传导的媒介，家庭冰箱的冷冻室均以静止空气冻结的方法进行冷冻，肉冻结很慢。静止空气冻结的温度范围为–10～–30℃。

2. 板式冷冻

该冷冻方法热传导的媒介是空气和金属板。肉品装盘或直接与冷冻室中的金属板架接触。板式冷冻室温度通常为–10～–30℃，一般适用于薄片的肉品，如肉排、肉片以及肉饼等的冷冻。冻结速率比静止空气法稍快。

3．冷风式速冻法

此法是工业生产中最普遍使用的，将冷冻后的肉贮藏于一定的温度、湿度的低温库中，在尽量保持肉品质量的前提下贮藏一定的时间，就是冻藏。冻藏条件的好坏直接关系到冷藏肉的质量和贮藏期长短。方法是在冷冻室或隧道装有风扇以供应快速流动的冷空气急速冷冻，热转移的媒介是空气。此法热的转移速率比静止空气要增加很多，且冻结速率也显著。但空气流速增加了冷冻成本以及未包装肉品的冻伤。冷风式速冻条件一般为空气流速在 760 m/min，温度−30℃。

4．流体浸渍和喷雾

流体浸渍和喷雾是商业上用来冷冻禽肉最普遍的方法，一些其他肉类和鱼类也利用此法冷冻。此法热量转移迅速，稍慢于风冷式速冻，供冷冻用的流体必须无毒性、成本低，且具有低黏性、低冻结点以及高热传导性特点。一般常用液态氮、食盐溶液、甘油、甘油醇和丙烯醇等。

（六）冷冻肉的冻藏

1．温度

从理论上讲，冻藏温度越低，肉品质量保持得就越好，保存期限也就越长，但成本也随之增大。对肉而言，−18℃是比较经济合理的冻藏温度。近年来，水产品的冻藏温度有下降的趋势，原因是，水产品的组织纤维细嫩，蛋白质易变性，脂肪中不饱和脂肪酸含量高，易发生氧化。冷库中温度的稳定也很重要，温度的波动应控制在±2℃范围内，否则会促进小冰晶消失和大冰晶长大，加剧冰晶对肉的机械损伤作用。

2．湿度

在−18℃的低温下，温度对微生物的生长繁殖影响很微小，从减少肉品干耗考虑，空气湿度越大越好，一般控制在 95%～98%。

3．空气流动速度

在空气自然对流情况下，流速为 0.05～0.15 m/s，空气流动性差，温、湿度分布不均匀，但肉的干耗少。多用于无包装的肉食品。在强制对流的冷藏库中，空气流速一般控制在 0.2～0.3 m/s，最大不能超过 0.5 m/s，其特点是温、湿度分布均匀，肉品干耗大。对于冷藏酮体而言，一般没有包装，冷藏库多用空气自然对流方法，如要用冷风机强制对流，要避免冷风机吹出的空气正对胴体。

4．冻藏期限

冷冻肉的贮藏温度与贮藏期关系见表 4-4。在相同贮藏温度下，不同肉品的贮藏期大体上有如下规律：畜肉的冷冻贮藏期大于水产品；畜肉中牛肉贮藏期最长，羊肉次之，猪肉最短；水产品中，脂肪少的鱼贮藏期大于脂肪多的鱼。虾、蟹则介于二者之间。

表 4-4 冻结肉类的贮藏条件和时间

类 别	温度/℃	相对湿度/%	期限/月
牛 肉	−23～−18	90～95	9～12
猪 肉	−23～−18	90～95	4～6
羊 肉	−23～−18	90～95	8～10
子牛肉	−23～−18	90～95	8～10
兔	−23～−18	90～95	6～8
禽 类	−23～−18	90～95	3～8

（七）肉的解冻

肉的解冻是将冻结肉类恢复到冻前的新鲜状态。解冻过程实质上是冻结肉中形成的冰结晶还原融解成水的过程，所以可视为冻结的逆过程。在实际工作中，解冻的方法应根据具体条件选择，原则是既要缩短时间又要保证质量。

1．空气解冻法

将冻肉移放在解冻间，靠空气介质与冻肉进行热交换来实现解冻的方法。一般在 0～5℃空气中解冻称缓慢解冻，在 15～20℃空气中解冻叫快速解冻。肉装入解冻间后温度先控制在 0℃，以保持肉解冻的一致性，装满后再升温到 15～20℃，相对湿度为 70%～80%，经 20～30 h 即解冻。

2．水解冻

把冻肉浸在水中解冻，由于水比空气传热性能好，解冻时间可缩短，并且由于肉类表面有水分浸润，可使重量增加。但肉中的某些可溶性物质在解冻过程中将部分失去，同时容易受到微生物的污染，故对半胴体的肉类不太适用，主要用于带包装冻结肉类的解冻。

水解冻的方式可分静水解冻和流水解冻或喷淋解冻。对肉类来说，一般采用较低温度的流水缓慢解冻为宜，在水温高的情况下，可采用加碎冰的方法进行低温缓慢解冻。

3．蒸汽解冻法

将冻肉悬挂在解冻间，向室内通入水蒸气，当蒸汽凝结于肉表面时，则将解冻室的温度由 4.5℃降低至 1℃，并停止通入水蒸气。此方法，肉表面干燥，能控制肉汁流失使其较好地渗入组织中，一般约经 16 h，即可使半胴体的冻肉完全解冻。

任务二　肉的辐射保藏

一、辐射保藏的原理

肉类辐射保藏是利用放射性核素发生的γ射线或利用电子加速器产生的电子束或X射线，在一定剂量范围内辐照肉，杀灭其中的微生物及其他腐败细菌，或抑制肉品中某些生物活性物质和生理过程，从而达到保藏的目的。

二、辐射剂量和辐射杀菌类型

（一）辐射剂量及其单位

射线与物质发生作用的程度常用剂量表达。剂量单位使用广泛的是辐射量伦琴（R）和吸收剂量拉德（rad）或戈［瑞］（Gy）。

伦琴就是在标准状态下（0℃，1个大气压），每立方厘米空气（0.012 9 g）能产生 2.08×10^9 个离子对或形成一个正电或负电的静单位时X射线或γ射线的照射量。照射量的国际单位是库仑/千克空气（C/kg）。

$$LR = 2.58\times10^{-4}C/kg$$

世界粮农组织（FAO）对不同食品的照射剂量规定如表4-5所示。

表4-5　对不同食品的照射剂量

食　品	主要目的	达到的手段	剂量/Mrad
肉、禽、鱼及其他易腐食品	不用低温，长期安全贮藏	能杀死腐败菌、病原菌及肉毒梭菌	4～6
肉、禽、鱼及其他易腐食品	在3℃以下延长贮藏期	减少嗜冷菌数	0.05～1.0
冻肉、鸡肉、鸡蛋及其他易污染细菌的食品	防止食品中毒	杀灭沙门氏细菌	0.3～1.0
肉及其他有病原寄生虫的食品	防止食品媒介的寄生虫	杀灭旋毛虫、牛肉绦虫等	0.01～0.03
香辛料、辅料	减少细菌污染	降低菌数	1～3

在辐射源的辐射场内，单位质量的任何被照射物质吸收任何射线的平均吸收量称为吸收剂量。常用单位为拉德（rad），1975 年国际辐射单位和测量委员会建议吸收剂量专用单位拉德改为戈瑞，并将戈瑞作为吸收剂量的国际单位。1Gy 就是 1 kg 物质吸收 1 J（焦尔）的能量。其换算关系为：

$$1\ \text{rad}=1\ \text{erg/g}=10^{-2}\ \text{J/kg}$$

$$1\text{Gy}=1\ \text{J/kg}=100\ \text{rad}$$

（二）辐射杀菌类型

食品上应用的辐射杀菌按剂量大小和所要求目标可分为三类。

1. 辐射阿氏杀菌

所使用的辐射剂量可以使食品中微生物减少到零或有限个数，用这种辐射处理后，食品可在任何条件下贮存。肉中以肉毒杆菌为对象菌，剂量应达 40～60 kGy。如罐装腊肉照射 45 kGy，室温可贮藏 2 年，但会出现辐射副作用。

2. 辐射巴氏杀菌

使用的辐射量以在食品中检测不出特定的无芽孢病菌为准。畜产品中以沙门氏菌为目标，剂量范围为 5～10 kGy。既能延长保存期，副作用又小。在冰蛋、冻肉上应用最成功。

3. 辐射耐贮杀菌

以假单孢杆菌为目标，目的是减少腐败菌的数目，延长冷冻或冷却条件下食品的货架寿命。一般剂量在 5 kGy 以下。产品感观状况几乎不发生变化。

（三）肉的辐射保藏工艺

辐射的工艺流程如图 4-1 所示。

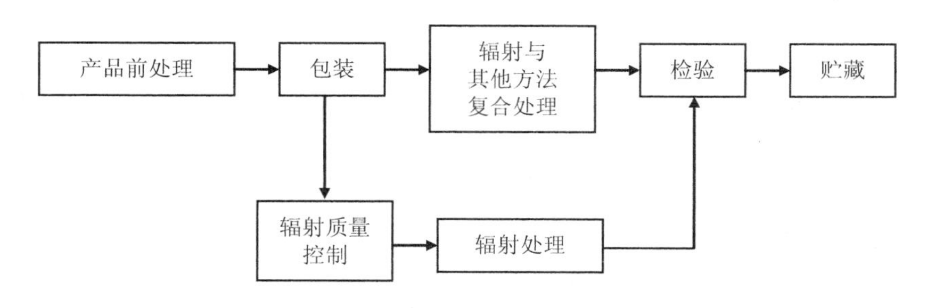

图 4-1　辐射的工艺流程

1. 前处理

辐射前对肉品进行挑选和品质检查。要求：质量合格，初始菌量低。为减少辐射过程中某些成分的微量损失，有时增加微量添加剂，如添加抗氧化剂，可减少维生素 C 的损失。

2. 包装

包装是肉品辐射保鲜的重要环节。辐射灭菌是一次性的，因而要求包装能够防止辐射食品的二次污染。同时还要求隔绝外界空气与肉品接触，以防止贮运、销售过程中脂肪氧化酸败，肌红蛋白氧化变色等缺点。包装材料一般选用高分子塑料，在实践中常选用复合塑料膜，如聚乙烯、尼龙复合薄膜。包装方法常采用真空包装、真空充气包装、真空去氧包装等。

3. 辐射

常用辐射源有 ^{60}Co，^{137}Cs 和电子加速器三种。^{60}Co 辐射源释放的 γ 射线穿透力强，设备较简单，因而多用于肉食品辐射。辐射条件根据辐射肉食品的要求决定。

4. 辐射质量控制

这是确保辐射工艺完成不可缺少的措施。

（1）根据肉食品保鲜目的、D_{10} 剂量、初始菌量等确定最佳灭菌保鲜的剂量。

（2）选用准确性高的剂量仪，测定辐射箱各点的剂量，从而计算其辐射均匀度（$U=D_{max}/D_{min}$），要求均匀度 U 越小越好，但也要保证有一定的辐射产品数量。

（3）为了提高辐射效率，而又不增大 U，在设计辐射箱传动装置时考虑 180 度转向、上下换位以及辐射箱在辐射场传动过程中尽可能地靠近辐射源。

（4）制定严格的辐射操作程序，以确保每一肉食品包装都能受到一定剂量的辐照。

5. 辐射对肉品质的影响

辐射对肉品质有不利影响。如产生的硫化氢、碳酰化物和醛类物质，使肉品产生辐射味；辐射能在肉品中产生鲜红色且较为稳定的色素，同时也会产生高铁肌红蛋白和硫化肌红蛋白等不利于肉品色泽的色素；辐射使部分蛋白质发生变性，肌肉保水力降低。对胶原蛋白有嫩化作用，可提高肉品的嫩度，但提高肉品嫩度所要求的辐射剂量太高，使肉品产生辐射变性而变得不能食用。

6. 辐射肉品的卫生安全性

放射线处理后食品的安全性，根据大量的动物试验结果表明辐射在保藏食品方面是一种安全、卫生、经济有效的新手段。其安全性体现在以下几方面：

（1）辐射食品无残留放射性和诱导放射性。

（2）辐射不产生毒性物质和致突变物。

（3）辐射食品的营养价值。辐射会使食品发生理化性质的变化，导致感官品质及营养成分的改变。变化程度取决于辐射食品的种类和辐射剂量。

【复习思考题】

1. 简述低温保藏的原理。
2. 何谓肉的冷却？简述肉冷却条件的选择。
3. 冷冻方法及冷冻肉的贮藏对原料肉品质有何影响？
4. 简述冷冻肉的解冻方法及其优缺点。
5. 简述辐射对肉品质的影响。
6. 简述真空包装的作用及其对包装材料的要求。
7. 简述化学保鲜的方法及其特点。

模块五　肉制品加工辅助材料

在肉制品加工中，常加入一定量的天然物质或化学物质，以改善制品的色、香、味、形、组织状态和贮藏性能，这些物质统称为肉制品加工辅料。正确使用辅料，对提高肉制品的质量和产量，增加肉制品的花色品种，提高其商品价值和营养价值，保证消费者的身体健康，具有十分重要的意义。

任务一　调味料

调味料是指为了改善食品的风味，能赋予食品的特殊味感（咸、甜、酸、苦、鲜、麻、辣等），使食品鲜美可口、增进食欲而添加入食品中的天然或人工合成的物质。

一、咸味料

（一）食盐

食盐的主要成分是氯化钠。精制食盐中氯化钠含量在97%以上，味咸、呈白色结晶体，无可见的外来杂质，无苦味、涩味及其他异味。在肉品加工中食盐具有调味、防腐保鲜、提高保水性和黏着性等作用。

食盐的使用量应根据消费者的习惯和肉制品的品种要求适当掌握，通常生制品食盐用量为4%左右，熟制品的食盐用量为2%～3%。

（二）酱油

酱油分为有色酱油和无色酱油。肉制品中常用酿造酱油。酱油主要含有蛋白质、氨基酸等。酱油应具有正常的色泽、气味和滋味，不浑浊，无沉淀，无霉花，浮膜，浓度不应低于22波美度（^{O}Be′），食盐含量不超过18%。

酱油的作用主要是增鲜增色，使制品呈美观的酱红色，是酱卤制品的主要调味料，在香肠等制品中还有促进成熟发酵的良好作用。

（三）黄酱

黄酱又称面酱、麦酱等，是用大豆、面粉、食盐等为原料，经发酵造成的调味品。味咸香，色黄褐，为有光泽的泥糊状，其中氯化钠的含量在12%以上，氨基酸态氮的含量在0.6%以上，还有糖类、脂肪、酶、维生素 B_1、维生素 B_2 和钙、磷、铁等矿物质。在肉品加工中不仅是常用的咸味调料，而且还有良好的提香生鲜，除腥清异的效果。黄酱性寒，又可药用，有除热解烦、清除蛇毒等功能，对热烫火伤，手指肿疼、蛇虫蜂毒等，都有一定的疗效。黄酱广泛用于肉制品和烹饪加工中，使用标准不受限制，以调味效果而定。

二、甜味料

（一）蔗糖

肉制品加工通常采用白糖，某些红烧制品也可采用纯净的红糖，白糖和红糖都是蔗糖。肉制品中添加少量的蔗糖可以改善产品的滋味，缓冲咸味，并能促进胶原蛋白的膨胀和松弛，使肉质松软、色调良好。蔗糖添加量为0.5%～1.5%。

（二）饴糖

饴糖由麦芽糖（50%）、葡萄糖（20%）和糊精（30%）组成，味甜爽口，有吸湿性和黏性，在肉品加工中常为烧烤、酱卤和油炸制品的增味剂和甜味助剂。

（三）蜂蜜

蜂蜜又称蜂糖，呈白色或不同程度的黄褐色，透明、半透明的浓稠液状物。含葡萄糖42%、果糖35%、蔗糖20%、蛋白质0.3%、淀粉1.8%、苹果酸0.1%以及脂肪、蜡、色素、酶、芳香物质、无机盐和多种维生素等。其甜味纯正，不仅是肉制品加工中常用的甜味料，而且具有润肺滑肠、杀菌收敛等药用价值。蜂蜜营养价值很高，又易吸收利用，所以在食品中可以不受限制地添加使用。

（四）葡萄糖

葡萄糖为白色晶体或粉末，常作为蔗糖的代用品，甜度略低于蔗糖。在肉品加工中，葡萄糖除作为甜味料使用外，还可形成乳酸，有助于胶原蛋白的膨胀和疏松，从而使制品柔软。另外，葡萄糖的保色作用较好，而蔗糖的保色作用不太稳定。不加糖的制品，切碎后会迅速呈褐色。肉品加工葡萄糖的使用量为0.3%～

0.5%。在发酵肉制品中葡萄糖一般作为微生物主要来源。

（五）D-山梨糖醇

D-山梨糖醇的分子式 $C_6H_{14}O_6$，又称花椒醇、清凉茶醇，呈白色针状结晶或粉末，溶于水、乙醇、酸中，不溶于其他一般溶剂，水溶液 pH 为 6～7。有吸湿性，有愉快的甜味，有寒舌感，甜度为砂糖的 60%。常作为砂糖的代用品。在肉制品加工，不仅用作甜味料，还能提高渗透性，使制品纹理细腻，肉质细嫩，增加保水性，提高出品率。

三、酸味料

（一）食醋

食醋是以粮食为原料经醋酸菌发酵酿制而成。具有正常酿造食醋的色泽、气味和滋味，不涩，无其他不良气味和异味，不浑浊，无悬浮物及沉淀物，无霉花浮膜，含醋酸 3.5%以上。食醋为中式糖醋类风味产品的重要调味料，如与糖按一定比例配合，可形成宜人的甜酸味。因醋酸具有挥发性，受热易挥发，故适宜在产品即将出锅时添加，否则，将部分挥发而影响酸味。醋酸还可与乙醇生成具有香味的乙酸乙酯，故在糖醋制品中添加适量的酒，可使制品具有浓醇甜酸、气味扑鼻的特点。

（二）酸味剂

常用的酸味剂有柠檬酸、乳酸、酒石酸、苹果酸、醋酸等，这些酸均能参加体内正常代谢，在一般使用剂量下对人体无害，但应注意其纯度。

四、鲜味料

（一）谷氨酸钠

谷氨酸钠即味精，是含有一个分子结晶的 L-谷氨酸钠盐。本品为无色至白色棱柱状结晶或粉末状，具有独特的鲜味，味觉极限值为 0.03%，略有甜味或咸味。在肉制品加工中，一般使用量为 0.25%～0.5%。

（二）肌苷酸钠

肌苷酸钠是白色或无色的结晶或结晶粉末，性质比谷氨酸钠稳定。与 L-谷氨酸钠合用对鲜味有相乘效应。肌苷酸钠有特殊强烈的鲜味，其鲜味比谷氨酸钠强 10～20 倍。一般均与谷氨酸钠、鸟苷酸钠等合用，配制混合味精，以提高增鲜效果。

（三）鸟苷酸钠

鸟苷酸钠具有呈味性是近年来才发现的，它同肌苷酸等被称为核酸系调味料，其呈味性质与肌苷酸钠相似，与谷氨酸钠有协同作用。使用时，一般与肌苷酸钠和谷氨酸钠混合使用。

五、调味肉类香精

调味肉类香精包括猪、牛、鸡、羊肉、火腿等各种肉味香精，是采用纯天然的肉类为原料，经过蛋白酶适当降解成小肽和氨基酸，加还原糖在适当的温度条件下发生美拉德反应，生成风味物质，经超临界萃取和微胶囊包埋或乳化调和等技术生产的粉状、水状、油状系列调味香精。如猪肉香精、牛肉香精等。可自己添加或混合到肉类原料中，使用方便，是目前肉类工业常用的增香剂，尤其适用于高温肉制品和风味不足的西式低温肉制品。

六、料酒

中式肉制品中常用的料酒有黄酒和白酒，其主要成分是乙醇和少量的脂类。它可以除膻味、腥味和异味，并有一定的杀菌作用，赋予制品特有的醇香味，使制品回味甘美，增加风味特色。黄酒色黄澄清，味醇正常，含酒精 12 度以上。白酒应无色透明，具有特有的酒香气味。在生产腊肠、酱卤等肉制品时料酒是必不可少的调味料。

任务二　香辛料

香辛料是某些植物的果实、花、皮、蕾、味、茎、根，它们具有辛辣和芳香性风味成分。其作用是赋予产品特有的风味，抑制或矫正不良气味，增进食欲，促进消化。

一、香辛料种类

香辛料依其具有辛辣或芳香气味的程度可分为辛辣性香辛料（如葱、姜、蒜、辣椒、洋葱、胡椒等）、芳香性香辛料（如大茴香、小茴香、花椒、桂皮、白芷、丁香、豆蔻、砂仁、陈皮、甘草、山萘、月桂叶等）和复合性香辛料（如咖喱粉、五香粉等）三类。

二、常见香辛料及使用

（1）葱。葱的主要化学成分为硫醚类化合物，如烯丙基二硫化物，具有强烈的葱辣味和刺激味。作香辛料使用，可压腥去膻，广泛用于酱制、红烧等肉制品。

（2）蒜。蒜含有强烈的辛辣味，其主要化学成分是蒜素，即挥发性的二烯丙基硫化物。具有调味、压腥、去膻的作用，常用于灌肠制品，切碎或绞成蒜泥加入。

（3）姜。姜味辛辣。其辣味及芳香成分主要是姜油酮、姜烯酚和姜辣素以及柠檬醛、姜醇等。具有去腥调味的作用，常用于酱制、红烧制品，也可将其榨成姜汁或制成姜粉等，加入灌肠制品中以增加风味。

（4）胡椒。胡椒有黑胡椒和白胡椒两种。未成熟果实干后果皮皱缩的是黑胡椒，成熟后去皮晒干的称为白胡椒。两者成分相差不大，但挥发性成分在外皮部较多。黑胡椒的辛香味较强，而白胡椒色泽较好。在干果实中含挥发性胡椒油1.2%～1.5%，其主要成分是小茴香萜、苦艾萜等，辣味成分为胡椒碱和异胡椒碱。

胡椒是制作咖喱粉、辣酱油、番茄沙司不可缺少的香辛料，也是荤菜、腌、卤制品不可缺少的香辛料，对西式肉制品来说，也是占主要地位的香辛料，用量一般为0.3%左右。

（5）花椒。花椒又称秦椒、川椒，是芸香料灌木或小乔木植物花椒树的果实。花椒果皮含辛辣挥发油及花椒油香烃等，主要成分为柠檬烯、香茅醇、萜烯、丁香酚等，辣味主要是花椒素。在肉品加工中，整粒多供腌制肉品及酱卤汁用；粉末多用于调味和配制五香粉。使用量一般为0.2%～0.3%。能赋予制品适宜的香麻味。

（6）大茴香。大茴香俗称大料、八角，是木兰科的常绿乔木植物的果实，干燥后裂成八至九瓣，故称八角。八角果实含精油 2.5%～5%，其中以茴香脑为主（80%～85%），即对丙烯基茴香醛、蒎烯茴香酸等。有去腥防腐作用，是肉品加工广泛使用的香辛料。

（7）小茴香。小茴香俗称茴香、席茴，是伞形科多年草本植物茴香的种子，含精油3%～4%，主要成分为茴香脑和茴香醇，占50%～60%，茴香酮占1.0%～1.2%，并可挥发出特异的茴香气，有增香调味，防腐防膻的作用。

（8）桂皮。桂皮又称肉桂，是樟科植物肉桂的树皮及茎部表皮经干燥而成的。桂皮含精油1%～2.5%，主要成分为桂醛，占80%～95%。另有甲基丁香粉、桂醇等。桂皮常用于调味和矫味。在烧烤、酱卤制品中加入，能增加肉品的复合香气味。

（9）白芷。白芷是伞形多年生草本植物的根块，含白芷素、白芷醚等香精化合物，有特殊的香气，味辛。可用整粒或粉末，具有去腥作用，是酱卤制品中常用的香料。

（10）丁香。丁香为桃金娘科常绿乔木的干燥花蕾及果实。花蕾叫公丁香，果实叫母丁香，以完整、朵大油性足、颜色深红、气味浓郁、入水下沉者为佳品。丁香富含挥发香精油，精油成分为丁香酚（占 75%～95%）和丁香素等挥发性物质，具有特殊的浓烈香气，兼有桂皮香味。对提高制品风味具有显著的效果，但丁香对亚硝酸盐有消色作用。在使用时应加以注意。

（11）山萘。山萘又称山辣、沙姜、三萘子、三赖，是姜科山萘属多年生木本植物的根状茎，切片晒制而成干片。山萘含有龙脑、樟脑油酯、肉桂乙酯等成分，具有较强烈的香气味。山萘有去腥提香，抑菌防腐和调味的作用。亦是卤汁、五香粉的主要原料之一。

（12）砂仁。砂仁是姜科多年生草本植物的干燥果实，一般除去黑果皮（不去果皮的叫苏砂），砂仁含香精油 3%～4%，主要成分是龙脑、右旋樟脑、乙酸龙脑酯、苏梓醇等。具有矫臭去腥，提味增香的作用。

（13）肉豆蔻。肉豆蔻亦称豆蔻、肉蔻、玉果。属肉豆蔻科高大乔木肉豆树的成熟干燥种仁。肉豆蔻含精油 5%～15%，其主要成分为萜烯（占 80%）、肉豆蔻醚和丁香粉等。不仅有增香去腥的调味功能，亦有一定的抗氧化作用，肉制品中使用很普遍。

（14）甘草。甘草是豆科多年生草本植物的根。外皮红棕色内部黄色，味道很甜，所以叫甜甘草。含 6%～14%甘草甜素、甘草甙、甘露醇及葡萄糖、蔗糖、淀粉等。常用于酱卤制品。

（15）陈皮。陈皮是芸香料常绿小乔木植物桔树的干燥果皮。含有挥发油，主要成分为柠檬烯、橙皮甙、川陈皮素等。肉制品加工中常用作卤汁、五香粉等调香料，可增加制品复合香味。

（16）草果。草果是姜科多年生草本植物的果实，含有精油、苯酮等，味辛辣。可用整粒或粉末作为烹饪香料，主要用于酱卤制品，特别是烧炖牛、羊肉放入少许，可去膻压腥味。

（17）月桂叶。月桂叶是樟科常绿乔木月桂树的叶子，含精油 1%～3%，主要成分为桉叶素，占 40%～50%，此外，还有丁香粉、丁香油酚酯等。常用于西式产品及在罐头中以改善肉的气味或生产中作矫味剂。此外，在汤、鱼等菜肴中也常被使用。

（18）麝香草。麝香草是紫花科麝香草的干燥树叶制成的。精油成分有麝香草脑、香芹酚、沉香醇、龙脑等。烧炖肉放入少许，可去除生肉腥臭，并有提高产品保存性的作用。

（19）芫荽。芫荽又名胡荽，俗称香菜，是伞形科一年生或二年生草本植物，用其干燥的成熟果实。芳香成分主要有沉香醇、蒎烯等，其中沉香醇占 60%～70%，有特殊香味，芫荽是肉制品特别是猪肉香肠和灌肠中常用的香辛料。

（20）鼠尾草。鼠尾草是唇形科一年生草木植物。鼠尾草含挥发油 1.3%～2.5%，主要成分为侧柏酮、鼠尾草烯。在西式肉制品中常用其干燥的叶子或粉末。鼠尾草与月桂叶一起使用可去除羊肉的膻味。

（21）咖喱粉。咖喱粉呈鲜艳黄色，味香辣，是肉品加工和中西菜肴重要的调味品。其有效成分多为挥发性物质，在使用时为了减少挥发损失，宜在制品临出锅前加入。咖喱粉常用胡椒粉、姜黄粉、茴香粉等混合配制。

（22）五香粉。五香粉是以花椒、八角、小茴香、桂皮、丁香等香辛料为主要原料配制而成的复合香料。因使用方便，深受消费者的欢迎。各地使用配方略有差异。

任务三　添加剂

为了增强或改善食品的感官形状，延长保存时间，满足食品加工工艺过程的需要或某种特殊营养需要，常在食品中加入天然的或人工合成的无机或有机化合物，这种添加的无机或有机化合物统称为添加剂。

一、发色剂

1．硝酸盐

硝酸钾（硝石）（KNO_3）及硝酸钠（$NaNO_3$）为无色的结晶或白色的结晶性粉末，无臭稍有咸味，易溶于水。将硝酸盐添加到肉中后，硝酸盐被肉中细菌或还原物质所还原生成亚硝酸最终生成 NO，后者与肌红蛋白生成稳定的亚硝基肌红蛋白络合物，使肉呈鲜红色。

2．亚硝酸钠

亚硝酸钠（$NaNO_2$）为白色或淡黄色的结晶性粉末，吸湿性强，长期保存必须密封在不透气容器中。亚硝酸盐的作用比硝酸盐大 10 倍。欲使猪肉发红，在盐水中含有 0.06%亚硝酸钠就已足够；为使牛肉、羊肉发色，盐水中需含有 0.1%的亚硝酸钠。因为这些肉中含有较多的肌红蛋白和血红蛋白，需要结合较多的亚硝酸盐。但是仅用亚硝酸盐的肉制品，在贮藏期间褪色快，对生产过程长或需要长期存放的制品，最好使用硝酸盐腌制。现在许多国家广泛采用混合盐料。用于生产各种灌肠时混合盐料的组成是：食盐 98%，硝酸盐 0.83%，亚硝酸盐 0.17%。

亚硝酸盐毒性强，用量要严格控制。2014 年我国颁布的《食品安全国家标准 食品添加剂使用标准》（GB 2760—2014）中对硝酸钠和亚硝酸钠的使用量规定如下：

使用范围：肉类罐头，肉制品。

最大使用量：硝酸钠 0.05%，亚硝酸钠 0.015%。

最大残留量（亚硝酸钠计）：肉类罐头不得超过 0.005%；肉制品不得超过 0.003%。

亚硝酸盐对细菌有抑制效果，其中对肉毒梭状杆菌的抑制效果受到重视。研究亚硝酸盐量、食盐及 pH 的关系及可能抑制的范围的模拟试验表明，假定通常的肉制品的食盐含量为 2%，pH 为 5.8～6.0，则亚硝酸钠需要 0.002 5%～0.030%。

二、发色助剂

肉制品中常用的发色助剂有抗坏血酸和异抗坏血酸及其钠盐、烟酰胺、葡萄糖、葡萄糖酸内酯等。其助色机理与硝酸盐或亚硝酸盐的发色过程紧密相连。

1. 抗坏血酸、抗坏血酸盐

抗坏血酸即维生素 C，具有很强的还原作用，但对热和重金属极不稳定，因此一般使用稳定性较高的钠盐。肉制品中最大使用量为 0.1%，一般为 0.025%～0.05%。在腌制或搅拌时添加，也可以把原料肉浸渍在该物质的 0.02%～0.1%的水溶液中。腌制剂中加谷氨酸会增加抗坏血酸的稳定性。

2. 异抗坏血酸、异抗坏血酸盐

异抗坏血酸是抗坏血酸的异构体，其性质和作用与抗坏血酸相似。

3. 烟酰胺

烟酰胺也能形成稳定的烟酰胺肌红蛋白，使肉呈红色，且烟酰胺对 pH 的变化不敏感。据研究，同时使用维生素 C 和烟酰胺助色效果好，且成品的颜色对光的稳定性要好得多。

4. δ-葡萄糖酸内脂

δ-葡萄糖酸内脂能缓慢水解生成葡萄糖酸，造成火腿腌制时的酸性还原环境，促进硝酸盐向亚硝酸转化，有利于 NO-Mb 和 NO-Hb 的生成。

三、着色剂

着色剂也称食用色素，是指为使食品具有鲜艳而美丽的色泽，改善感官性状以增进食欲而加入的物质。食用色素按其来源和性质分为食用天然色素和食用合成色素两大类。

我国国家标准《食品安全国家标准　食品添加剂使用标准》（GB 2760—2014）规定允许使用的食用色素主要有红曲米、焦糖、姜黄、辣椒红素和甜菜红等。

（一）红曲米和红曲色素

红曲色素具有对 pH 稳定，耐光耐热耐化学性强，不受金属离子影响，对蛋白质着色性好以及色泽稳定，安全无害（LD_{50}：6.96 mg/kg）等优点。红曲色素常用作酱卤、香肠等肉类制品、腐乳、饮料、糖果、糕点、配制酒等的着色剂。我国国家标准规定，红曲米使用量不受限制。

（二）甜菜红

甜菜红也称甜菜根红，是食用红甜菜（紫菜头）的根制取的一种天然红色素，由红色的甜菜花青素和黄色的甜菜黄素所组成。甜菜红为红色至红紫色液体、块或粉末或糊状物。水溶液呈红色至红紫色，pH 为 3.0～7.0 比较稳定，pH 为 4.0～5.0 稳定性最大。染着性好，但耐热性差，降解速度随温度上升而增加。光和氧也可促进降解。抗坏血酸有一定的保护作用，稳定性随食品水分活性（Aw）的降低而增加。

我国国家标准规定，甜菜红主要用于罐头、果味水、果味粉、果子露、汽水、糖果、配制酒等，其使用量按正常生产需要而定。

（三）辣椒红素

辣椒红素主要成分为辣椒素、辣椒红素和辣椒玉红素，为具有特殊气味和辣味的深红色黏性油状液体。溶于大多数非挥发性油，几乎不溶于水。耐酸性好，耐光性稍差。辣椒红素使用量按正常生产需要而定，不受限制。

（四）焦糖色

焦糖色也称酱色、焦糖或糖色，为红褐色至黑褐色的液体、块状、粉末状或粗状物质。具有焦糖香味和愉快苦味。按制法不同，焦糖可分为不加铵盐（非氨法制造）和加铵盐（如亚硫酸铵）生产的两类。加铵盐生产的焦糖色泽较好，加工方便，成品率也较高，但有一定毒性。

焦糖色在肉制品加工中常用于酱卤、红烧等肉制品的着色和调味，其使用量按正常生产需要而定。

（五）姜黄素

姜黄色素是从姜黄根茎中提取的一种黄色色素，主要成分为姜黄素，约为姜黄的3%～6%，是植物界很稀少的具有二酮的色素，为二酮类化合物。

姜黄素为橙黄色结晶粉末，味稍苦。不溶于水，溶于乙醇、丙二醇，易溶于冰醋酸和碱溶液，在碱性时呈红褐色，在中性、酸性时呈黄色。对还原剂的稳定性较强，着色性强（不是对蛋白质），一经着色后就不易退色，但对光、热、铁离子敏感，耐光性、耐热性、耐铁离子性较差。

姜黄素主要用于肠类制品、罐头、酱卤制品等产品的着色，其使用量按正常生产需要而定。

另外，在熟肉制品、罐头等食品生产中还常用萝卜红、高粱红、红花黄等食用天然色素作着色剂。我国国家标准《食品安全国家标准　食品添加剂使用标准》（GB 2760—2014）规定，萝卜红按正常生产需要使用；高粱红最大使用量为0.04%；红花黄为0.02%。

四、防腐剂

防腐剂具有杀死微生物或抑制其生长繁殖作用的一类物质，在肉品加工中常用的有以下几种：

（一）苯甲酸

苯甲酸又名安息香酸，苯甲酸钠也称安息酸钠，是苯甲酸的钠盐。苯甲酸及其苯甲酸钠在酸性环境中对多种微生物有明显抑菌作用，但对产酸菌作用较弱。其抑菌作用受pH的影响。pH 5.0以下，其防腐抑菌能力随pH降低而增加，最适pH为2.5～4.0。pH 5.0以上时对很多霉菌和酵母菌没有什么效果。我国国家标准《食品安全国家标准　食品添加剂使用标准》（GB 2760—2014）规定，苯甲酸与苯甲酸钠作为防腐剂，其最大使用量为（0.5～1.0）$\times 10^{-3}$。苯甲酸和苯甲酸钠同时使用时，以苯甲酸计，不得超过最大使用量。

（二）山梨酸

山梨酸是白色结晶粉末或针状结晶，几乎无色无味，较难溶于水，易溶于一般有机溶剂。耐光耐热性好，适宜在pH 5.0～6.0范围内使用。对霉菌、酵母和好气性细菌均有抑制其生长的作用。肉制品加工中使用的标准添加量为2 g/kg。

（三）山梨酸钾

山梨酸钾是山梨酸的钾盐，易溶于水和乙醇。它能与微生物酶系统中的硫基结合，破坏许多重要酶系，达到抑制微生物增殖和防腐的目的，其防腐效果随 pH 的升高而降低，适宜在 pH 5.0～6.0 范围内使用。使用标准添加量为 2.76 g/kg。

（四）山梨酸钠

山梨酸钠性质与山梨酸钾类同，但难溶于乙醇。其稳定性比山梨酸钾差，放置时能被氧化而自白黄色变浓褐色。其效力与山梨酸钾同，使用量为 2.39 g/kg 以下。

五、抗氧化剂

（一）二丁基羟基甲苯（BHT）

化学名称为 2,6-二叔丁基-4-甲基苯酚，简称 BHT。本品为白色结晶或结晶粉末，无味，无臭，能溶于多种溶剂，不溶于水及甘油。对热相当稳定，与金属离子反应不会着色。

《食品安全国家标准　食品添加剂使用标准》（GB 2760—2014）规定，BHT 最大使用量为 0.2 g/kg。使用时，可将 BHT 与盐和其他辅料拌匀，一起掺入原料内进行腌制。也可以先溶解于油脂中，喷洒或涂抹肉品表面，或按比例加入。

（二）没食子酸丙酯（PG）

没食子酸丙酯简称 PG，又名酸丙酯，为白色或浅黄色晶状粉末，无臭、微苦。易溶于乙醇、丙醇、乙醚，难溶于脂肪与水，对热稳定。没食子酸丙酯对脂肪、奶油的搞气化作用较 BHA 或 BHT 强，三者混合使用时最佳；加增效剂柠檬酸则抗氧化作用更强。但与金属离子作用着色。

《食品安全国家标准　食品添加剂使用标准》（GB 2760—2014）规定，没食子酸丙脂的使用范围同 BHA 或 BHT，其最大使用量 0.01%。丁基羟基茴香醚（BHA）与二丁基羟基甲苯（BHT）混合使用时，总量不得超过 0.02%，没食子酸丙酯不得超过 0.005%。

（三）维生素 E

维生素 E 又名生育酚。是目前国际上唯一大量生产的天然抗氧化剂。

本品为黄色至褐色几乎无臭的澄清黏稠液体，溶于乙醇而几乎不溶于水。可和丙酮、乙醚、氯仿、植物油任意混合，对热稳定。

维生素 E 的抗氧作用比丁基羟基茴香醚（BHA）、二丁基羟基甲苯（BHT）的抗氧化力弱，但毒性低，也是食品营养强化剂。主要适于作婴儿食品、保健食品、乳制品与肉制品的抗氧化剂和食品营养强化剂。在肉制品，水产品、冷冻食品及方便食品中，其用量一般为食品油脂含量的 0.01%～0.2%。

（四）丁基羟基茴香醚（BHA）

丁基羟基茴香醚又名特丁基-4-羟基茴香醚、丁基大茴香醚，简称 BHA。为白色或微黄色的腊状固体或白色结晶粉末，带有特异的酚类臭气和刺激味，对热稳定。不溶于水，溶于丙二醇、丙酮、乙醇与花生油、棉子油、猪油。

丁基羟基茴香醚有较强的抗氧化作用，还有相当强的抗菌力，用 1.5×10^{-4} g 的 BHA 可抑制金黄色葡萄球菌，用 2.8×10^{-4} g 可阻碍黄曲霉素的生成。使用方便，但成本较高。它是目前国际上广泛应用的抗氧化剂之一。最大使用量（以脂肪计）为 0.01%。

六、品质改良剂

（一）磷酸盐

目前肉制品中使用的品质改良剂多为磷酸盐类，主要有焦磷酸钠，其目的主要是提高肉的保水性能，使肉制品的嫩度和黏性增加，既可改善风味，也可提高成品率，肉制品中允许使用的磷酸盐有焦磷酸盐钠、三聚磷酸钠和六偏磷酸钠。

1. 焦磷酸钠

焦磷酸钠是无色或白色结晶性粉末，溶于水，不溶于乙醇，能与金属离子络合。本品对制品的稳定性起很大作用，并具有增加弹性、改善风味和抗氧化作用。常用于灌肠和西式火腿等肉制品中，单独使用量不超过 0.5 g/kg。多与三聚磷酸钠混合使用。

2. 三聚磷酸钠

三聚磷酸钠是无色或白色玻璃状块或片，或白色粉末，有潮解性，水溶液呈碱性（pH 为 9.7），对脂肪有很强的乳化性。另外还有防止变色、变质、分散作用，增加黏着力的作用也很强。其最大用量应控制在 2 g/kg 以内。

3．六偏磷酸钠

六偏磷酸钠是无色粉末或白色纤维状结晶或玻璃块状，潮解性强。对金属离子螯合力、缓冲作用、分散作用均很强。本品能促进蛋白质凝固，常用其他磷酸盐混合成复合磷酸盐使用，也可单独使用。最大使用量为 1 g/kg。

磷酸盐溶解性较差，因此在配制腌制液时要先将磷酸盐溶解后再加入其他腌制料。各种磷酸盐混合使用比单独使用好，混合的比例不同，效果也不一样。在肉制品加工中，使用量一般为肉重 0.1%～0.4%。其参考混合比见表 5-1。

表 5-1　几种复合磷酸盐混合比　　单位：%

类　别	一	二	三	四	五
焦磷酸钠	—	2	48	48	40
三聚磷酸钠	28	26	22	25	40
六偏磷酸钠	72	72	30	27	20

注：“—”代表不添加。

（二）大豆分离蛋白

粉末状大豆分离蛋白有良好的保水性。当浓度为 12%时，加热的温度超过 60℃，黏度就急剧上升，加热到 80～90℃时静置、冷却，就会形成光滑的沙状胶质。这种特性，使大豆分离蛋白加入肉组织时，能改善肉的质地，此外，大豆蛋白还有很好的乳化性。

（三）卡拉胶

卡拉胶主要成分为易形成多糖凝胶的半乳糖、脱水半乳糖，多以 Ca^{2+}、Na^{+}、NH_4^{+}等盐的形式存在。可保持自身重量 10～20 倍的水分。在肉馅中添加 0.6%时，即可使肉馅保水率从 80%提高到 88%以上。

卡拉胶是天然胶质中唯一具有蛋白质反应性的胶质。它能与蛋白质形成均一的凝胶。由于卡拉胶能与蛋白质结合，形成巨大的网络结构，可保持制品中的大量水分，减少肉汁的流失，并且具有良好的弹性、韧性。卡拉胶还具有很好的乳化效果，稳定脂肪，表现出很低的离油值，从而提高制品的出品率。另外，卡拉胶能防止盐溶性蛋白及肌动蛋白的损失，抑制鲜味成分的溶出。

（四）酪蛋白

酪蛋白能与肉中的蛋白质结合形成凝胶，从而提高肉的保水性。在肉馅中添加2%时，可提高保水率10%；添加4%时，可提高16%。如与卵蛋白、血浆等并用效果更好。酪蛋白在形成稳定的凝胶时，可吸收自身重5～10倍水分。用于肉制品时，可增加制品的黏着性和保水性，改进产品质量，提高出品率。

（五）淀粉

淀粉的种类很多，按淀粉来源可分为玉米淀粉、甘薯淀粉、马铃薯淀粉、木薯淀粉、绿豆淀粉、豌豆淀粉、蘑芋淀粉、蚕豆淀粉及大麦、山药、燕麦淀粉等。通常情况下，制作灌肠时使用马铃薯淀粉，加工肉糜罐头时用玉米淀粉，制作肉丸等肉糜制品时用小麦淀粉。肉糜制品的淀粉用量视品种不同，可在5%～50%的范围内。淀粉在肉制品中的作用主要是提高肉制品的黏结性，增加肉制品的稳定性，淀粉具有吸油性和乳化性，它可束缚脂肪在制作中的流动，缓解脂肪给制品带来的不良影响，改善肉制品的外观和口感，并具有较好的保水性，使肉制品出品率大大提高。

（六）变性淀粉

它们是由天然淀粉经过化学或酶处理等而使其物理性质发生改变，以适应特定需要而制成的淀粉。变性淀粉一般为白色或近白色无臭粉末。变性淀粉不仅能耐热、耐酸碱，还有良好的机械性能，是肉类工业良好的增稠剂和赋形剂。其用量一般为原料的3%～20%。

【复习思考题】

1. 简述调味料的种类及其作用。
2. 肉制品加工常用的香辛料有哪些？
3. 试述发色剂及发色助剂的种类及成色原理。
4. 简述着色剂的种类及其作用。
5. 简述防腐剂的种类及其作用。
6. 常用的抗氧化剂有哪些？
7. 试述肉制品加工中常用磷酸盐的种类及特性。

典型肉制品生产模块

模块六　腌腊制品加工

腌腊肉制品是我国传统的肉制品之一，指原料肉经预处理、腌制、脱水、保藏成熟而成的一类肉制品。腌腊肉制品特点：肉质细致紧密，色泽红白分明，滋味咸鲜可口，风味独特，便于携带和贮藏。腌腊肉制品主要包括腊肉、咸肉、板鸭、中式火腿、西式火腿等。

任务一　腌制的基本原理

肉的腌制是肉品贮藏的一种传统手段，也是肉品生产常用的加工方法。肉的腌制通常用食盐或以食盐为主并添加硝酸钠、蔗糖和香辛料等辅料对原料肉进行浸渍的过程。近年来，随着食品科学的发展，在腌制时常加入品质改良剂，如磷酸盐、异维生素 C、柠檬酸等以提高肉的保水性，获得较高的成品率。同时腌制的目的已从单纯的防腐保藏发展到主要为了改善风味和色泽，提高肉制品的质量，从而使腌制成为许多肉类制品加工过程中一个重要的工艺环节。

一、腌制的材料及其作用

（一）食盐的防腐作用

食盐是腌腊肉制品的主要配料，也是唯一不可缺少的腌制材料。食盐不能灭菌，但一定浓度的食盐（10%～15%）能抑制许多腐败微生物的繁殖，因而对腌腊制品具有防腐作用。肉制品中含有大量的蛋白质、脂肪等成分，但其鲜味要在一定浓度的咸味下才能表现出来。腌制过程中食盐的防腐作用主要表现在：①食盐较高的渗透压，引起微生物细胞的脱水、变形，同时破坏水的代谢；②影响细菌酶的活性；③钠离子的迁移率小，能破坏微生物细胞的正常代谢；④氯离子比其他阴离子（如溴离子）更具有抑制微生物活动的作用。此外，食盐的防腐作用还在于食盐溶液减少了氧的溶解度，氧很难溶于食盐水中，由于缺氧减少了需氧性微生物的繁殖。

（二）硝酸盐和亚硝酸盐的防腐作用

硝酸盐和亚硝酸盐可以抑制肉毒梭状芽孢杆菌的生长，也可以抑制许多其他类型腐败菌的生长。这种作用在硝酸盐浓度为 0.1%和亚硝酸盐浓度为 0.01%左右时最为明显。

肉毒梭状芽孢杆菌能产生肉毒梭菌毒素，这种毒素具有很强的致死性，对热稳定，大部分肉制品进行热加工的温度仍不能杀灭它，而硝酸盐能抑制这种毒素的生长，防止食物中毒事故的发生。

硝酸盐和亚硝酸盐的防腐作用受 pH 的影响很大，在 pH 为 6 时，对细菌有明显的抑制作用，当 pH 为 6.5 时，抑菌能力有所降低，在 pH 为 7 时，则不起作用，但其机理尚不清楚。

（三）食糖的作用

在肉制品加工中，由于腌制过程食盐的作用，使腌肉因肌肉收缩而发硬且咸。添加白糖则具有缓和食盐的作用，由于糖受微生物和酶的作用而产生酸，促进盐水溶液中 pH 下降而使肌肉组织变软。同时白糖可使腌制品增加甜味，减轻由食盐引起的涩味，增强风味，并且有利于制作香肠的发酵。

（四）磷酸盐的保水作用

磷酸盐在肉制品加工中的作用，主要是提高肉的保水性，增加黏着力。由于磷酸盐呈碱性反应，加入肉中能提高肉的 pH，使肉膨胀度增大，从而增强保水性，增加产品的黏着力和减少养分流失，防止肉制品的变色和变质，有利于调味料浸入肉中心，使产品有良好的外观和光泽。

二、腌制过程中的呈色变化

（一）硝酸盐和亚硝酸盐对肉色的作用

肉在腌制时食盐会加速血红蛋白（Hb）和肌红蛋白（Mb）氧化，形成高铁血红蛋白（MetHb）和高铁肌红蛋白（MetMb），使肌肉丧失天然色泽，变成紫色调的淡灰色。为避免颜色变化，在腌制时常使用发色剂——硝酸盐和亚硝酸盐，常用的有硝酸钠和亚硝酸钠。加入硝酸钠或亚硝酸钠后，由于肌肉中色素蛋白质和亚硝酸钠发生化学反应形成鲜艳的亚硝基肌红蛋白和亚硝基血红蛋白，这种化合物在烧煮时变成稳定粉红色，使肉呈现鲜艳的色泽。

发色机理：首先硝酸盐在肉中脱氮菌（或还原物质）的作用下，还原成亚硝酸盐；然后与肉中的乳酸产生复分解作用而形成亚硝酸；亚硝酸再分解产生氧化氮；氧化氮与肌肉纤维细胞中的肌红蛋白（或血红蛋白）结合而产生鲜红色的亚硝基（NO）肌红蛋白（或亚硝基血红蛋白），使肉具有鲜艳的玫瑰红色。

$$NaNO_2 \xrightarrow{\text{脱氮菌还原（+2H）}} NaNO_2 + H_2O$$

$$NaNO_2 + CH_3CH(OH)COOH \rightarrow HNO_2 + CH_3CH(OH)COONa$$

$$2HNO_2 \rightarrow NO\uparrow + NO_2\uparrow + H_2O$$

$$NO + \text{肌红蛋白（血红蛋白）} \rightarrow NO\text{肌红蛋白（血红蛋白）}$$

亚硝酸是提供一氧化氮的最主要来源。实际上获得色素的程度，与亚硝酸盐参与反应的量有关。亚硝酸盐能使肉发色迅速，但呈色作用不稳定，适用于生产过程短而不需要长期贮藏的制品，对那些生产周期长和需长期保存的制品，最好使用硝酸盐。现在许多国家广泛采用混合盐料。用于生产各种灌肠时混合盐料的组成是食盐 98%，硝酸盐 0.83%，亚硝酸盐 0.17%。

（二）发色助剂抗坏血酸盐对肉色的稳定作用

肉制品中常用的发色助剂有抗坏血酸和异抗坏血酸及其钠盐、烟酚胺等。其助色机理与硝酸盐或亚硝酸盐的发色过程紧密相连。

如前所述硝酸盐或亚硝酸盐的发色机理是其生成的亚硝基（NO）与肌红蛋白或血红蛋白形成显色物质，其反应如下：

$$KNO_3 \xrightarrow{\text{肉中硝酸还原菌}} KNO_2 + H_2O \qquad (1)$$

$$KNO_2 + CH_3CHOHCOOH \rightarrow HNO_2 + CH_3CHOHCOOK \qquad (2)$$

亚硝酸钾　　乳酸　　亚硝酸　　乳酸钾

$$3HNO_2 \xrightarrow{\text{不稳定分解}} H^+ + NO_3^- + 2NO + H_2O \qquad (3)$$

$$NO + Mb(Hb) \rightarrow NO\text{-}Mb(NO\text{-}Hb) \qquad (4)$$

由反应（4）可知，NO 的量越多，则呈红色的物质越多，肉色则越红。从反应式（3）可知，亚硝酸经自身氧化反应，只有一部分转化成 NO，而另一部分则转化成了硝酸。硝酸具有很强氧化性，使红色素中的还原型铁离子（Fe^{2+}）被氧化成氧化型铁离子（Fe^{3+}），而使肉的色泽变褐。同时，生成的 NO 可以被空气中的氧氧化成亚硝基（NO_2），进而与水生成硝酸和亚硝酸：

$$2NO+O_2 \rightarrow 2NO_2$$

$$2NO_2+H_2O \rightarrow HNO_3+HNO_2$$

反应结果不仅减少了 NO 的量，而且又生成了氧化性很强的硝酸。

发色助剂具有较强还原性，其助色作用通过促进 NO 生成，防止 NO 及亚铁离子的氧化。抗坏血酸盐容易被氧化，是一种良好的还原剂。它能促使亚硝酸盐还原成一氧化氮，并创造厌氧条件，加速一氧化氮肌红朊的形成，完成肉制品的发色作用，同时在腌制过程中防止一氧化氮再被氧化成二氧化氮，有一定的抗氧化作用。若与其他添加剂混合使用，能防止肌肉红色褐变。

腌制液中复合磷酸盐会改变盐水的 pH，会影响抗坏血酸的助色效果，因此往往加抗坏血酸的同时加入助色剂烟酰胺。烟酰胺也能形成稳定的烟酰胺肌红蛋白，使肉呈红色，且烟酰胺对 pH 的变化不敏感。据研究，同时使用抗坏血酸和烟酰胺助色效果好，且成品的颜色对光的稳定性要好得多。

目前世界各国在生产肉制品时，都非常重视抗坏血酸的使用。其最大使用量为 0.1%，一般为 0.025%～0.05%。

（三）影响腌制肉制品色泽的因素

1. 发色剂的使用量

肉制品的色泽与发色剂的使用量密切相关，用量不足时发色效果不明显。为了保证肉色呈红色，亚硝酸钠的最低用量为 0.05 g/kg；用量过大时，过量的亚硝酸根的存在又能使血红素物质中的叶琳环的α-甲炔键硝基化，生成绿色的衍生物。为了确保食用安全，《食品安全国家标准　食品添加剂使用标准》（GB 2760—2014）规定：在肉制品中硝酸钠最大使用量为 0.05%；亚硝酸钠的最大使用量为 0.15 g/kg，在这个安全范围内使用发色剂的多少和原料肉的种类、加工工艺条件及气温情况等因素有关。一般气温越高，呈色作用越快，发色剂可适当少添加些。

2. 肉的 pH

肉的 pH 也影响亚硝酸盐的发色作用。亚硝酸钠只有在酸性介质中才能还原成一氧化氮，所以当 pH 呈中性时肉色就淡，特别是为了提高肉制品的保水性，常加入碱性磷酸盐后会引起 pH 升高，影响呈色效果，所以应注意其用量。在过低的 pH 环境中，亚硝酸盐的消耗量增大，如使用亚硝酸盐过量，又易引起绿变，发色的最适 pH 范围一般为 5.6～6.0。

3. 温度

生肉呈色的过程比较缓慢，但经烘烤、加热后，反应速度加快。而如果配好料后不及时处理，生肉就会褪色，特别是灌肠机中的回料，因氧化而褪色，这就要求操作迅速，及时加热。

4. 腌制添加剂

添加蔗糖和葡萄糖由于其还原作用，可影响肉色强度和稳定性；加烟酸、烟酰胺也可形成比较稳定的红色，但这些物质无防腐作用，还不能代替亚硝酸钠。另一方面香辛料中的丁香对亚硝酸盐还有消色作用。

5. 其他因素

微生物和光线等也会影响腌肉色泽的稳定性，正常腌制的肉，切开后置于空气中切面会逐渐发生褐变，这是因为一氧化氮肌红蛋白在微生物的作用下引起卟啉环的变化。一氧化氮肌红蛋白不但受微生物影响，对可见光也不稳定，在光的作用下 NO^-血色原失去 NO，在氧化成高铁血色原，高铁血色原在微生物等的作用下，使得血色素中的卟啉环发生变化，生成绿、黄、无色衍生物，这种褪变现象在脂肪酸败、有过氧化物存在时可加速发生。有时制品在避光的条件下贮藏也会褪色，这是由于 NO^-肌红蛋白单纯氧化所造成。如灌肠制品由于灌得不紧，空气混入馅中，气孔周围的颜色变成暗褐色。肉制品的褪色与温度有关，在 2～8℃温度条件下褪色速度比在 15～20℃以上的温度条件下要慢一些。

综上所述，为了使肉制品获得鲜艳的颜色，除了要有新鲜的原料外，必须根据腌制时间长短，选择合适的发色剂，掌握适当的用量，在适宜的 pH 条件下严格操作。此外，要注意低温、避光，并采用添加抗氧化剂，真空包装或充氮包装，添加去氧剂脱氧等方法避免氧的影响，保持腌肉制品的色泽。

三、腌制过程中的保水变化

腌制除了改善肉制品的风味，提高保藏性能，增加诱人的颜色外，还可以提高原料肉的保水性和黏结性。

（一）食盐的保水作用

食盐能使肉的保水作用增强。Na^+和 Cl^-与肉蛋白质结合，在一定的条件下蛋白质立体结构发生松弛，使肉的保水性增强。此外，食盐腌肉使肉的离子强度提高，肌纤维蛋白质数量增多，在这些纤维状肌肉蛋白质加热变性的情况下，将水分或脂肪包裹起来凝固，使肉的保水性提高。

肉在腌制时由于吸收腌制液中的水分和盐分而发生膨胀。对膨胀影响较大的是 pH、腌制液中盐的浓度、肉量与腌制液的比例等。肉的 pH 越高膨润度越大；盐水浓度在 8%～10%时膨润度最大。

（二）磷酸盐的保水作用

磷酸盐有增强肉的保水性和黏结性作用。其作用机理是：

（1）磷酸盐呈碱性反应，加入肉中可提高肉的 pH，从而增强肉的保水性。

（2）磷酸盐的离子强度大，肉中加入少量即可提高肉的离子强度，改善肉的保水性。

（3）磷酸盐中的聚磷酸盐可使肌肉蛋白质的肌动球蛋白分离为肌球蛋白、肌动蛋白，从而使大量蛋白质的分散粒子因强有力的界面作用，成为肉中脂肪的乳化剂，使脂肪在肉中保持分散状态。此外，聚磷酸盐能改善蛋白质的溶解性，在蛋白质加热变性时，能和水包在一起凝固，增强肉的保水性。

（4）聚磷酸盐有除去与肌肉蛋白质结合的钙和镁等碱土金属的作用，从而能增强蛋白质亲水基的数量，使肉的保水性增强。磷酸盐中以聚磷酸盐即焦磷酸盐的保水性最好，其次是三聚磷酸钠、四聚磷酸钠。

生产中常使用几种磷酸盐的混合物，磷酸盐的添加量一般为 0.1%～0.3%，添加磷酸盐会影响肉的色泽，并且过量使用有损风味。

四、肉的腌制方法

肉在腌制时采用的方法主要有四种，即干腌法、湿腌法、混合腌制法和注射腌制法，不同腌腊制品对腌制方法有不同的要求，有的产品采用一种腌制法即可，有的产品则需要采用两种甚至两种以上的腌制法。

（一）干腌法

用食盐或盐硝混合物涂擦肉块，然后堆放在容器中或堆叠成一定高度的肉垛。操作和设备简单，在小规模肉制品厂和农村多采用此法。腌制时由于渗透和扩散作用，由肉的内部分泌出一部分水分和可溶性蛋白质与矿物质等形成盐水，逐渐完成其腌制过程，因而腌制需要的时间较长。干腌时产品总是失水的，失去水分的程度取决于腌制的时间和用盐量。腌制周期越长，用盐量越高，原料肉越瘦，腌制温度越高，产品失水越严重。

干腌法生产的产品有独特的风味和质地，中式火腿、腊肉均采用此法腌制；国外采用干腌法生产的比例很少，主要是一些带骨火腿（如乡村火腿）。干腌的优点是操作简便，不需要多大的场地，蛋白质损失少，水分含量低、耐贮藏。缺点是腌制不均匀，失重大，色泽较差，盐不能重复利用，工人劳动强度大。

（二）湿腌法

湿腌法即盐水腌制法。就是在容器内将肉品浸没在预先配制好的食盐溶液内，并通过扩散和水分转移，让腌制剂渗入肉品内部，并获得比较均匀的分布，直至它的浓度最后和盐液浓度相同的腌制方法。

湿腌法用的盐溶液一般是 15.3～17.7 °Be′，硝石不低于 1%，也有用饱和溶液的，腌制液可以重复利用，再次使用时需煮沸并添加一定量的食盐，使其浓度达 12 °Be′，湿腌法腌制肉类时，每千克肉需腌制 3～5 d。

湿腌法的优点是腌制后肉的盐分均匀，盐水可重复使用，腌制时降低工人的劳动强度，肉质较为柔软，不足之处是蛋白质流失严重，所需腌制时间长，风味不及干腌法，含水量高，不易贮藏。

（三）混合腌制法

采用干腌法和湿腌法相结合的一种方法。可先进行干腌放入容器中后，再放入盐水中腌制或在注射盐水后，用干的硝盐混合物涂擦在肉制品上，放在容器内腌制。这种方法应用最为普遍。

干腌和湿腌相结合可减少营养成分流失，增加贮藏时的稳定性，防止产品过度脱水，咸度适中，不足之处是较为麻烦。

（四）注射腌制法

为加速腌制液渗入肉内部，在用盐水腌制时先用盐水注射，然后再放入盐水中腌制。盐水注射法分动脉注射腌制法和肌肉注射腌制法。

1. 动脉注射腌制法

此法使用泵将盐水或腌制液经动脉系统压送入分割肉或腿肉内的腌制方法，为扩散盐腌的最好方法。但一般分割胴体的方法并不考虑原来的动脉系统的完整性，故此法只能用于腌制前后腿。腌制液一般用 16.5～17 °Be′。此法的优点在于腌制液能迅速渗透肉的深处，不破坏组织的完整性，腌制速度快；不足之处是用于腌制的肉必须是血管系统没有损伤，刺杀放血良好的前后腿，同时产品容易腐败变质，必须进行冷藏。

2. 肌肉注射法

肌肉注射法分单针头和多针头两种，肌肉注射用的针头大多为多孔的，但针头注射法适合于分割肉，一般每块肉注射 3～4 针，每针°Be′制液注射量为 85 g 左右，一般增重 10%，肌肉注射可在磅秤上进行。

多针头肌肉注射最适合用于形状整齐而不带骨的肉类，肋条肉最为适宜。带骨或去骨肉均可采用此法。多针头机器，一排针头可多达 20 枚，每一针头中有小孔，插入深度可达 26 cm，平均每小时注射 60 000 次，由于针头数量大，两针相距很近，注射时肉内的腌制液分布较好，可获得预期的增重效果。肌肉注射时腌制液经常会过多地聚集在注射部位的四周，短时间难以散开，因而肌肉注射时就需要较长的注射时间以便充分扩散腌制液而不至于聚集过多。

盐水注射法可以降低操作时间，提高生产效益，降低生产成本，但其成品质量不及干腌制品，风味稍差，煮熟后肌肉收缩的程度比较大。

任务二　腌腊肉制品加工

一、咸肉的加工

咸肉是以鲜肉为原料，用食盐腌制而成的肉制品。咸肉分为带骨和不带骨两种，带骨肉按加工原料的不同，有“连片”、“段片”、“小块”、“咸腿”之别。咸肉在我国各地都有生产，品种繁多，式样各异，其中以浙江咸肉、如皋咸肉、四川咸肉、上海咸肉等较为有名。如浙江咸肉皮薄、颜色嫣红、肌肉光洁、色美味鲜、气味醇香、又能久藏。咸肉加工工艺大致相同，其特点是用盐量多。

（一）工艺流程

原料选择→修整→开刀门→腌制→成品。

（二）操作要点

1．原料选择

鲜猪肉或冻猪肉都可以作为原料，肋条肉、五花肉、腿肉均可，但需肉色好，放血充分，且必须经过卫生检验部门检疫合格，若为新鲜肉，必须摊开凉透；若是冻肉，必须解冻微软后再行分割处理。

2．修整

先削去血脖部位污血，再割除血管、淋巴、碎油及横膈膜等。

3．开刀门

为了加速腌制，可在肉上割出刀口，俗称“开刀门”。刀口的大小深浅和多少取决于腌制时的气温和肌肉的厚薄。

4．腌制

在 3～4℃条件下腌制。温度高，腌制过程快，但易发生腐败；温度低，腌制慢，风味好。干腌时，用盐量为肉重的 14%～20%，硝石 0.05%～0.75%，以盐、硝混合涂抹于肉表面，肉厚处多擦些，擦好盐的肉块堆垛腌制。第一层皮面朝下，每层间再撒一层盐，依次压实，最上一层皮面向上，于表面多撒些盐，每隔 5～6 d，上下互相调换一次，同时补撒食盐，经 25～30 d 即成。若用湿腌法腌制时，用开水配成 22%～35%的食盐液，再加 0.7%～1.2%的硝石，2%～7%食糖（也可不加）。将肉成排地堆放在缸或木桶内，加入配好冷却的澄清盐液，以浸没肉块为度。盐液重为肉重的 30%～40%，肉面压以木板或石块。每隔 4～5 d 上下层翻转一次，15～20 d 即成。

二、腊肉的加工

腊肉指我国南方冬季（腊月）长期贮藏的腌肉制品。用猪肋条肉经剔骨、切割成条状后用食盐及其他调料腌制，经长期风干、发酵或经人工烘烤而成，使用时需加热处理。腊肉的品种很多，选用鲜猪肉的不同部位都可以制成各种不同品种的腊肉，以产地分为广东腊肉、四川腊肉、湖南腊肉等，其产品的品种和风味各具特色。广东腊肉以色、香、味、形俱佳而享誉中外，其特点是选料严格，制作精细、色泽美观、香味浓郁、肉质细嫩、芬芳醇厚、甘甜爽口；四川腊肉的特点是色泽鲜明，皮肉红黄，肥膘透明或乳白，腊香带咸。湖南腊肉肉质透明，皮呈酱紫色、肥肉亮黄、瘦肉棕红、风味独特。腊肉的生产在全国各地生产工艺大同小异。

（一）工艺流程

选料修整→配制调料→腌制→风干、烘烤或熏烤→成品→包装。

（二）操作要点

1．选料修整

最好采用皮薄肉嫩、肥膘在 1.5 cm 以上的新鲜猪肋条肉为原料，也可选用冰冻肉或其他部位的肉。根据品种不同和腌制时间长短，猪肉修割大小也不同，广式腊肉切成长 38～50 cm，每条重 180～200 g 的薄肉条；四川腊肉则切成每块长 27～36 cm，宽 33～50 cm 的腊肉块。家庭制作的腊肉肉条，大都超过上述标准，而且多是带骨的，肉条切好后，用尖刀在肉条上端 3～4 cm 处穿一小孔，便于腌制后穿绳吊挂。

2. 配制调料

不同品种所用的配料不同，同一种品种在不同季节生产配料也有所不同。消费者可根据自行喜好的口味进行配料选择。

3. 腌制

一般采用干腌法、湿腌法和混合腌制法。

（1）干腌。取肉条和混合均匀的配料在案上擦抹，或将肉条放在盛配料的盆内搓揉均可，搓擦要求均匀擦遍，对肉条皮面适当多擦，擦好后按皮面向下，肉面向上的顺序，一层层放叠在腌制缸内，最上一层肉面向下，皮面向上。剩余的配料可撒布在肉条的上层，腌制中期应翻缸一次，即把缸内的肉条从上到下，依次转到另一个缸内，翻缸后再继续进行腌制。

（2）湿腌。腌制去骨腊肉常用的方法，取切好的肉条逐条放入配制好的腌制液中，湿腌时应使肉条完全浸泡在腌制液中，腌制时间为 15～18 h，中间翻缸两次。

（3）混合腌制。即干腌后的肉条，再浸泡腌制液中进行湿腌，使腌制时间缩短，肉条腌制更加均匀。混合腌制时食盐用量不得超过 6%，使用陈的腌制液时，应先清除杂质，并在 80℃温度下煮 30 min，过滤后冷却备用。

腌制时间视腌制方法、肉条大小、室温等因素而有所不同，腌制时间最短 3～4 h 即可，腌制周期长的也可达 7 d 左右，以腌好腌透为标准。

腌制腊肉无论采用哪种方法，都应充分搓擦，仔细翻缸，腌制室温度保持在 0～10℃。

有的腊肉品种，像带骨腊肉，腌制完成后还要洗肉坯。目的是使肉皮内外盐度尽量均匀，防止在制品表面产生白斑（盐霜）和一些有碍美观的色泽。洗肉坯时用铁钩把肉皮吊起，或穿上线绳后，在装有清洁的冷水中摆荡漂洗。

肉坯经过洗涤后，表层附有水滴，在烘烤、熏烤前需把水晾干，可将漂洗干净的肉坯连钩或绳挂在晾肉间的晾架上，没有专设晾肉间的可挂在空气流通而清洁的地方晾干。晾干的时间应视温度和空气流通情况适当掌握，温度高、空气流通，晾干时间可短一些，反之则长一些。有的地方制作的腊肉不进行漂洗，它的晾干时间根据用盐量来决定，一般为带骨腊肉不超过 0.5 d，去骨腊肉在 ld 以上。

4. 风干、烘烤或熏烤

在冬季家庭自制的腊肉常放在通风阴凉处自然风干。工业化生产腊肉常年均可进行，需进行烘烤，使肉坯水分快速脱去而又不能使腊肉变质发酸。腊肉因肥膘肉较多，烘烤时温度一般控制在 45～55℃，烘烤时间因肉条大小而异，一般 24～72 h。烘烤过程中温度不能过高以免烤焦、肥膘变黄；也不能太低，以免水分蒸发不足，使腊肉发酸。烤房内的温度要求恒定，不能忽高忽低，影响产品质量。经过一定时间烘烤，表面干燥并有出油现象，即可出烤房。

烘烤后的肉条，送入干燥通风的晾挂室中晾挂冷却，等肉温降到室温即可。如果遇雨天应关闭门窗，以免受潮。

熏烤是腊肉加工的最后一道工序，有的品种不经过熏烤也可食用。烘烤的同时可以进行熏烤，也可以先烘干完成烘烤工序后再进行熏制，采用哪一种方式可根据生产厂家的实际情况而定。

家庭熏制自制腊肉更简捷，把腊肉挂在距灶台 1.5 m 的木杆上（农村做饭菜用的柴火灶），利用烹调时的熏烟熏制。这种方法烟淡、温度低且常间歇，所以熏制缓慢，通常要熏 15～20 d。

5. 成品

烘烤后的肉坯悬挂在空气流通处，散尽热气后即为成品。成品率为 70%左右。

6. 包装

现多采用真空包装，250 g、500 g 不同规格包装较多，腊肉烘烤或熏烤后待肉温降至室温即可包装。真空包装腊肉保质期可达 6 个月以上。

三、板鸭的加工

板鸭是我国传统禽肉腌腊制品，始创于明末清初，至今有三百多年的历史，著名的产品有南京板鸭和南安板鸭，前者始创于江苏南京，后者始创于江西大余县（古时称南安）。两者加工过程各有特点，下面分别介绍两种板鸭的加工工艺。

（一）南京板鸭

南京板鸭又称“贡鸭”，可分为腊板鸭和春板鸭两类。腊板鸭是从小雪到立春，即农历十月到十二月底加工的板鸭，这种板鸭品质最好，肉质细嫩，可以保存 3 个月时间；而春板鸭是用从立春到清明，即由农历一月至二月底加工的板鸭，这种板鸭保存时间较短，一般为 1 个月左右。

南京板鸭的特点是外观体肥、皮白、肉红骨绿（板鸭的骨并不是绿色的，只是一种形容的习惯语）；食用时具有香、酥、板（板的意义是指鸭肉细嫩紧密，南京俗称发板）、嫩的特色，余味回甜。

1. 工艺流程

原料选择→宰杀→浸烫煺毛→开膛取出内脏→清洗→腌制→成品。

2. 操作要点

（1）原料选择。选择健康、无损伤的肉用性活鸭，以两翅下有“核桃肉”，尾部四方肥为佳，活重在 1.5 kg 以上。活鸭在宰杀前要用稻谷（或糠）饲养一个时期（15～20 d）催肥，使膘肥、肉嫩、皮肤洁白，这种鸭脂肪熔点高，在温度高的情况下也不容易滴油，变哈喇；若以糠麸、玉米为饲料则体皮肤淡黄，肉质虽嫩但较松软，制成板鸭后易收缩和滴油变味，影响气味。所以，以稻谷（或糠）催肥的鸭品质最好。

（2）宰杀。

①宰前断食：将育肥好的活鸭赶入待宰场，并进行检验将病鸭挑出。待宰场要保持安静状态，宰前 12～24 h 停止喂食，充分饮水。

②宰杀放血：有口腔宰杀和颈部宰杀两种，以口腔宰杀为佳，可保持商品完整美观，减少污染。由于板鸭为全净膛，为了易拉出内脏，目前多采用颈部宰杀，宰杀时要注意以切断三管为度，刀口过深易掉头和出次品。

（3）浸烫煺毛。

①烫毛：鸭宰杀后 5 min 内煺毛，烫毛水温以 63～65℃为宜，一般 2～3 min。

②煺毛：其顺序为先拔翅羽毛，次拔背羽毛，再拔腹胸毛、尾毛、颈毛，此称为抓大毛。拔完后随即拉出鸭舌，再投入冷水中浸洗，并拔净小毛、绒毛，称为净小毛。

（4）开膛取内脏。鸭毛褪光后立即去翅、去脚、去内脏。在翅和腿的中间关节处两翅和两腿切除。然后再在右翅下开一长约 4 cm 的直型口子，取出全部内脏并进行检验，合格者方能加工板鸭。

（5）清洗。用清水清洗体腔内残留的破碎内脏和血液，从肛门内把肠子断头、输精管或输卵管拉出剔除。清膛后将鸭体浸入冷水中 2 h 左右，浸出体内淤血，使皮色洁白。

（6）腌制。

①腌制前的准备工作：食盐必须炒熟、磨细，炒盐时每百公斤食盐加 200～300 g 茴香。

②干腌：滤干水分，将鸭体人字骨压扁，使鸭体呈扁长方形。擦盐要遍及体内外。一般用盐量为鸭重的 1/15。擦腌后叠放在缸中进行腌制。

③制备盐卤：盐卤出食盐水和调料配制而成。因使用次数多少和时间长短的不同而有新卤和老卤之分。

a. 新卤的配制：采用浸泡鸭体的血水，加盐配制，每 100 kg 血水，加食盐 75 kg，放大锅内煮成饱和溶液，撇去血污与泥污，用纱布滤去杂质，再加辅料，每 200 kg 卤水放入大片生姜 100～150 g，八角 50 g，葱 150 g，使卤具有香味，冷却后成新卤。

b. 老卤：新卤经过腌鸭后多次使用和长期贮藏即成老卤，盐卤越陈旧腌制出的板鸭风味更佳，这是因为腌鸭后一部分营养物质渗进卤水，每烧煮一次，卤水中营养成分浓厚一些，越是老卤，其中营养成分越浓厚，而鸭在卤中互相渗透、吸收，使鸭味道更佳。盐卤腌制4～5次后需要重新煮沸，煮沸时可适当补充食盐，使卤水保特咸度，通常为22～25 °Be′。

④抠卤：擦腌后的鸭体逐只叠入缸中，经过12 h后，把体腔内盐水排出，这一工序称抠卤。抠卤后再叠入缸内，经过8 h，进行第二次抠卤，目的是腌透并浸出血水，使皮肤肌肉洁白美观。

⑤复卤：抠卤后进行湿腌，从开口处灌入老卤，再浸没老卤缸内，使鸭尸全部腌入老卤中即为复卤，经24 h出缸，从泄殖腔处排出卤水，挂起滴净卤水。

⑥叠坯：鸭尸出缸后，倒尽卤水，放在案板上用手掌压成扁型，再叠入缸内2～4 d，这一工序称“叠坯”，存放时，必须头向缸中心，再把四肢排开盘入缸中，以免刀口渗出血水污染鸭体。

⑦排坯晾挂：排坯的目的是使鸭肥大好看，同时也便于鸭子内部通气。将鸭取出，用清水净体，挂在木档钉上，用手将颈拉开，胸部拍平，挑起腹肌，以达到外形美观，置于通风处风干，至鸭子皮干水净后，再收后复排，在胸部加盖印章，转到仓库晾挂通风保存，2周后即成板鸭。

（7）成品。成品板鸭体表光洁，黄白色或乳白色，肌肉切面平而紧密，呈玫瑰色，周身干燥，皮面光滑无皱纹，胸部凸起，颈椎露出，颈部发硬，具有板鸭固有的气味。

（二）南安板鸭

南安板鸭产于江西省大余县，是江西省的名特产品，它造型美观，皮肤洁白，肉嫩骨脆，腊味香浓。但加工方法不同于南京板鸭，各有特色。

南安板鸭加工季节是从每年秋分至大寒，其中立冬至大寒是制作板鸭的最好时期。可分早期板鸭（9月中旬至10月下旬）、中期板鸭（11月上旬至12月上旬）、晚期板鸭（12月中旬至翌年元月中旬），以晚期板鸭质量最佳。

1. 工艺流程

鸭的选择→宰杀→脱毛→割外五件→开膛→去内脏→修整→腌制→造型晾晒→成品。

2. 操作要点

（1）鸭的选择。制作南安板鸭选用麻鸭，该品种肉质细嫩、皮薄、毛孔小，是制作南安板鸭的最好原料。或者选用一般麻鸭。原料鸭饲养期为90～100 d，体重 1.25～1.75 kg，然后以稻谷进行育肥 28～30 d，以鸭子头部全部换新毛为标准。

（2）宰杀、脱毛。同南京板鸭。

（3）割外五件。外五件指两翅、两脚和一带舌的下颚。割外五件时，将鸭体仰卧，左手抓住下颚骨。右手持刀从口腔内割破两嘴角，右手用刀压住上颚，左手将舌及下颚骨撕掉；用左手抓住左翅前臂骨，右手持刀对准肘关节，割断内外韧带，前臂骨即可割下；再用左手抓住脚掌；用同样方法割去右翅和右脚。

（4）开膛。鸭体仰卧在操作台上，尾朝向操作者，稍向外仰斜，双手将腹中线（俗称外线）压向左侧 0.8～1 cm，左手食指和大拇指分别压在胸骨柄和剑状软骨处，右手持刀刃稍向内倾斜，由胸骨柄处下刀，沿外线向前推刀，破开皮肤及胸大肌（浅层肌肉），再将刀刃稍向外倾斜向前推刀斩断锁骨，剖开腹腔。左边胸骨、胸肉较多的称大边，右边胸骨、胸肉较少的称小边。然后将两侧关节劈开，便于造型。

（5）去内脏。在肺与气管连接处将气管拉断并抽出，再将心脏、肝脏取出，然后将直肠畜粪前推，距肛门 3 cm 处拉断直肠，手持断端将肠管等内脏一起拉出，最后用手指剥离肺与胸壁连接的薄膜，将肺摘除，扒内脏时底板不能留有血迹、粪便，不能污染鸭体。

（6）修整。先割去睾丸或卵巢及残留内脏，将鸭皮肤朝下，尾朝前，放在操作台上，右手持刀放在右侧肋骨上，刀刃前部紧贴胸椎，刀刃后部偏开胸椎 1 cm 左右，左手拍刀背，将肋骨斩断，同时，将与皮肤相连的肌肉割断，并推向两边肋骨下，使皮肤上部黏有瘦肉。用同样的方法斩断另一侧肋骨。两侧肋骨斩断，刀口呈八字形，俗称劈八字。劈八字时母鸭留最后两根肋骨，公鸭全部斩断，最后割去直肠断端、生殖器及肛门，割肛门时只割去 1/3，使肛门在造型时呈半圆形。

（7）腌制。

①盐的标准：将盐放入铁锅内用大火炒，炒至无水气，凉后使用。早水鸭（立冬前的板鸭）每只用盐 150～200 g，晚水鸭（立冬后的板鸭）每只用盐 125 g 左右。

②擦盐：将待腌鸭子放在擦盐板上，将鸭颈椎拉出 3～4 cm，撒上盐再放回揉搓 5～10 次，再向头部刀口撒些盐，将头颈弯向胸腹腔，平放在盐上，将鸭皮肤朝上，两手抓盐在背部来回擦，擦至手有点发黏。

③装缸腌制，擦好盐后，将头颈弯向胸腹，皮肤朝下，放在缸内，一只压住另一只的 2/3，呈螺旋式上升，使鸭体有一定的倾斜度，盐水集中尾部，便于尾部

等肌肉厚的部位腌透。腌制时间 8～12 h。

（8）造型晾晒。

①洗鸭：将腌制好的鸭子从缸中取出，先在 40℃左右的温水中冲洗一下，以除去未溶解的结晶盐，然后将鸭放在 40～50℃的温水中浸泡冲洗 3 次，浸泡时要不断翻动鸭子，同时将残留内脏去掉，洗净污物，挤出尾脂腺，当僵硬的鸭体变软时即可造型。

②造型：将鸭子放在长 2 m、宽 0.63 m 吸水性强的木板上，先从倒数第四、第五颈椎处拧脱臼（旱水鸭不用），然后将鸭皮肤朝上尾部向前放在木板上，将鸭子左右两腿的股关节拧脱臼，并将股四头肌前推，便鸭体显得肌肉丰满，外形美观，最后将鸭子在板上铺开，四周皮肤拉平，头向右弯，使整个鸭子呈桃圆形。

③晾晒：造型晾晒 4～6 h 后，板鸭形状已固定，在板鸭的大边上用细绳穿上，然后用竹竿挂起，放在晒架上日晒夜露，一般经过 5～7 d 的露晒，小边肌肉呈玫瑰红色，明显可见 5～7 个较硬的颈椎骨，说明板鸭已干，可贮藏包装。若遇天气不好，应及时送入烘房烘干。板鸭烘烤时应先将烘房温度调整至 30℃，再将板鸭挂进烘房，烘房温度维持在 50℃左右，烘 2 h 左右将板鸭从烘房中取出冷却，待皮肤出现奶白色时，再放入烘房内烘干直至符合要求取出。

（9）成品包装。传统包装采用木桶和纸箱的大包装。现在结合各种保存技术进行单个真空包装。

（10）成品规格。

外观：造型平整，似桃圆形，皮肤乳白，毛脚干净，底板色泽鲜艳，无霉变、无生虫、无盐霜，鸭身干爽，干度 7～8 成，颈椎显露 5～7 个骨节，肌肉呈棕红色，肋骨呈白色，大腿的肉丰满坚实。

食味：气味纯正，腊味香浓，咸淡适中，肉嫩骨脆，有板鸭固有的风味。

四、中式火腿的加工

中式火腿用整条带皮猪腿为原料，经腌制、水洗和干燥，长时间发酵制成的肉制品。产品加工期近半年，成品水分低，肉紫红色，有特殊的腌腊香味，食前需熟制。中式火腿分为三种：南腿，以金华火腿为代表；北腿，以如皋火腿为代表；云腿，以云南宣威火腿为代表。南北腿的划分以长江为界。本章介绍金华火腿的加工方法。

金华火腿历史悠久，驰名中外。相传起源于宋朝，早在公元 1100 年间，距今 900 多年前民间已有生产，它是一种具有独特风味的传统肉制品。产品特点：脂香浓郁，皮色黄亮，肉色似火，红艳夺目，咸度适中，组织致密，鲜香扑鼻。以色、香、味、形“四绝”为消费者称誉。

金华火腿又称南腿，素以造型美观，做工精细，肉质细嫩，味淡清香而著称于世。早在清朝光绪年间，已畅销日本、东南亚和欧美等地。1915 年在巴拿马国际商品博览会上荣获一等优胜金质大奖。1985 年又荣获中华人民共和国金质奖。

（一）工艺流程

鲜猪肉后腿→修整腿坯→上盐→腌制 6～7 次→洗腿 2 次→晒腿→整形→发酵→修整→堆码→成品。

（二）操作要点

1. 鲜腿的选择

原料是决定成品质量的重要因素，没有新鲜优质的原料，就很难制成优质的火腿。选择金华“两头乌”猪的鲜后腿，皮薄爪细，腿心饱满，瘦肉多，肥膘少，腿坯重 5～7.5 kg，平均 6.25 kg 左右的鲜腿最为适宜。

2. 修割腿坯

修整前，先用刮刀刮去皮面上的残毛和污物，使皮面光滑整洁。然后用削骨刀削平耻骨，修整坐骨，除去尾椎，斩去脊骨，使肌肉外露，再把过多的脂肪和附在肌肉上的浮油割去，将腿边修成弧形，腿面平整。再用手挤出大动脉内的淤血，最后使猪腿成为整齐的柳叶形。

3. 腌制

修整好腿坯后，即进入腌制过程。腌制是加工火腿的主要工艺环节，也是决定火腿质量的重要过程。金华火腿腌制系采用干腌堆叠法，用食盐和硝石进行腌制，腌制时需擦盐和倒堆 6～7 次，总用盐量约占腿重的 9%～10%，约需 30 d。根据不同气温，适当控制加盐次数、腌制时间、翻码次数，是加工金华火腿的技术关键。腌制火腿的最佳温度为 0～10℃。以 5 kg 鲜腿为例，说明其具体加工步骤。

（1）第一次上盐，俗称小盐。目的是使肉中的水分、淤血排出。用 100 g 左右的盐撒在脚面上，敷盐要均匀，敷盐后堆叠时必须层层平整，上下对齐。堆码的高度应视气候而定。在正常气温下，以 12～14 层为宜，天气越冷，堆码越高。

（2）第二次上盐，又称大盐。即在小盐的翌日做第二次翻腿上盐。在上盐以前用手压出血管中的淤血。必要时在三签处上放些硝酸钾。把盐从腿头撒至腿心，在腿的下部凹陷处用手指沾盐轻抹，用盐量约为 250 g，用盐后将腿整齐堆叠。

（3）第三次上盐，又称复三盐。第二次上盐 3 d 后进行第三次上盐，根据鲜腿大小及三签处余盐情况控制用盐量。复三盐用量大约 95 g，对鲜腿较大、脂肪层较厚、三签处余盐少者适当增加盐量。

（4）第四次上盐，又称复四盐。第三次上盐后，再过 7 d 左右，进行复四盐。目的是经过下翻堆后调整腿质、温度，并检验三签处上盐溶化程度，如大部分已溶化需再补盐，并抹去腿皮上的粘盐，以防止腿的皮色发白无亮光。这次用盐约 75 g。

（5）第五次或第六次上盐，又称复五盐或复六盐。这两次上盐的间隔时间也都是 7 d 左右。目的主要是检查火腿盐水是否用得适当，盐分是否全部渗透。大型腿（6 kg 以上）如三签处上无盐时，应适当补加，小型腿则不必再补。

经过六次上盐后，腌制时间已近 30 d，小型腿已可挂出洗晒，大型腿进行第七次腌制。从上盐的方法看，可以总结口诀为头盐上滚盐，大盐雪花盐，三盐靠骨头，四盐守签头，五盐六盐保签头。

腌制火腿时应注意以下几个问题：

①鲜腿腌制应根据先后顺序，依次按顺序堆叠，标明日期、只数。便于翻堆用盐时不发生错乱、遗漏；

②4 kg 以下的小火腿应当单独腌制堆叠，避免和大、中火腿混杂，以便控制盐量，保证质量；

③腿上擦盐时要有力而均匀，腿皮上切忌擦盐，避免火腿制成后皮上无光彩；

④堆叠时应轻拿轻放，堆叠整齐，以防脱盐；

⑤如果温度变化较大，要及时翻堆更换食盐。

4. 洗腿

鲜腿腌制后，腿面上留的粘浮杂物及污秽盐渣，经洗腿后可保持腿的清洁，有助于火腿的色、香、味，也能方便肉表面盐分散失一部分，使咸淡适中。

洗腿前先用冷水浸泡，浸泡时间应根据腿的大小和咸淡来决定，一般需浸 2 h 左右。浸腿时，肉面向下，全部浸没，不要露出水面。洗腿时按脚爪、爪缝、爪底、皮面、肉面和腿尖下面，顺肌纤维方同依次洗刷干净，不要使瘦肉翘起，然后刮去皮上的残毛，再浸漂在水中，进行洗刷，最后用绳吊起送往晒场挂晒。

5. 晒腿

将腿挂在晒架上，用刀刮去剩余细毛和污物，约经 4 h，待肉面无水微干后打印商标，再经 3～4 h，腿皮微干时肉面尚软开始整形。

6. 整形

所谓整形就是在晾晒过程中将火腿逐渐校成一定形状。整形要求做到小腿伸直，腿爪弯曲，皮面压平，腿心丰满和外形美观，而且使肌肉经排压后更加紧缩，有利于贮藏发酵。整形晾晒适宜的火腿，腿形固定，皮呈黄色或淡黄，皮下脂肪洁白，肉面呈紫红色，腿面平整，肌肉坚实，表面不见油迹。

7. 发酵

火腿经腌制、洗晒和整形等工序后，在外形、质地、气味、颜色等方面尚没有达到应有的要求，特别是没有产生火腿特有的风味，与腊肉相似。因此必须经过发酵过程，一方面使水分继续蒸发，另一方面便肌肉中蛋白质、脂肪等发酵分解，使肉色、肉味、香气更好。将腌制好的鲜腿晾挂于宽敞通风、地势高而干燥库房的木架上，彼此相距 5～7 cm，继续进行 2～3 个月发酵鲜化，肉面上逐渐长出绿、白、黑、黄色霉菌（或腿的正常菌群），这时发酵基本完成，火腿逐渐产生香味和鲜味。因此，发酵好坏和火腿质量有密切关系。

火腿发酵后，水分蒸发，腿身逐渐干燥，腿骨外露，需再次修整，即发酵期修整。一般是按腿上挂的先后批次，在清明节前后即可逐批刷去腿上发酵霉菌，进入修整工序。

8. 修整

发酵完成后，腿部肌肉干燥而收缩，腿骨外露。为使腿形美观，要进一步修整。修整工序包括修平耻骨、修正股骨、修平坐骨，并从腿脚向上割去脚皮，达到腿正直，两旁对称均匀，腿身呈柳叶形。

9. 堆码

经发酵整形后的火腿，视干燥程度分批落架。按腿的大小，使其肉面朝上，皮面朝下，层层堆叠于腿床上。堆高不超过 15 层。每隔 10 d 左右翻倒 1 次，结合翻倒将流出的油脂涂于肉面，使肉面保持油润光泽而不显干燥。

五、西式火腿的加工

西式火腿大都是用大块肉经整形修割（剔去骨、皮、脂肪和结缔组织）、盐水注射腌制、嫩化、滚揉、充填，再经熟制、烟熏（或不烟熏）、冷却等工艺制成的熟肉制品。加工过程只需 2 d，成品水分含量高、嫩度好。西式火腿种类繁多，虽加工工艺各有不同，但其腌制都是以食盐为主要原料，而加工中其他调味料用量甚少，故又称为盐水火腿。由于其选料精良，加工工艺科学合理，采用低温巴氏杀菌，故可以保持原料肉的鲜香味，产品组织细嫩，色泽均匀鲜艳，口感良好。

（一）工艺流程

选料及修整→盐水配制及注射→滚揉按摩→充填→蒸煮与冷却。

（二）操作要点

1. 原料肉的选择及修整

用于生产火腿的原料肉原则上仅选猪的臀腿肉和背腰肉，猪的前腿部位肉品质稍差。若选用热鲜肉作为原料，需将热鲜肉充分冷却，使肉的中心温度降至0～4℃。如选用冷冻肉，宜在0～4℃冷库内进行解冻。

选好的原料肉经修整，去除皮、骨、结缔组织膜、脂肪和筋腱，使其成为纯精肉，然后按肌纤维方向将原料肉切成不小于300 g的大块。修整时应注意，尽可能少地破坏肌肉的纤维组织，刀痕不能划得太大太深，并尽量保持肌肉的自然生长块型。

PSE肉保水性差，加工过程中的水分流失大，不能作为火腿的原料，DFD肉虽然保水性好，但pH高，微生物稳定性差，且有异味，也不能作为火腿的原料。

2. 盐水配制及注射

注射腌制所用的盐水，主要成分包括食盐、亚硝酸钠、糖、磷酸盐、抗坏血酸钠及防腐剂、香辛料、调味料等。按照配方要求将上述添加剂用0～4℃的软化水充分溶解，并过滤，配制成注射盐水。

3. 滚揉按摩

将经过盐水注射的肌肉放置在一个旋转的鼓状容器中，或者是放置在带有垂直搅拌桨的容器内进行处理的过程称为滚揉或按摩。

滚揉的方式一般分为间歇滚揉和连续滚揉两种。连续滚揉多为集中滚揉两次，首先滚揉1.5 h左右，停机腌制16～24 h，然后再滚揉0.5 h左右。间歇滚揉一般采用每小时滚揉5～20 min，停机40～55 min，连续进行16～24 h的操作。

4. 充填

滚揉以后的肉料，通过真空火腿压模机将肉料压入模具中成型。一般充填压模成型要抽真空，其目的在于避免肉料内有气泡，造成蒸煮时损失或产品切片时出现气孔现象。火腿压模成型，一般包括塑料膜压膜成型和人造肠衣成型两类。人造肠衣成型是将肉料用充填机灌入人造肠衣内，用手工或机器封口，再经熟制成型。塑料膜压模成型是将肉料充入塑料膜内再装入模具内，压上盖，蒸煮成型，冷却后脱膜，再包装而成。

5. 蒸煮与冷却

火腿的加热方式一般有水煮和蒸汽加热两种方式。金属模具火腿多用水煮办法加热，充入肠衣内的火腿多在全自动烟熏室内完成熟制。为了保持火腿的颜色、风味、组织形态和切片性能，火腿的熟制和热杀菌过程，一般采用低温巴氏杀菌法，即火腿中心温度达到 68～72℃即可。若肉的卫生品质偏低时，温度可稍高，以不超过 80℃为宜。

蒸煮后的火腿应立即进行冷却，采用水浴蒸煮法加热的产品，是将蒸煮篮重新吊起放置于冷却槽中用流动水冷却，冷却到中心温度 40℃以下。用全自动烟熏室进行煮制后，可用喷淋冷却水冷却，水温要求 10～12℃，冷却至产品中心温度 27℃左右，送入 0～7℃冷却间内冷却到产品中心温度至 1～7℃，再脱模进行包装即为成品。

【复习思考题】

1. 试述腌腊制品的种类及其特点。
2. 肉类腌制的方法有哪些？
3. 腌腊制品加工中的关键技术是什么？
4. 试述咸肉和腊肉加工的异同点。
5. 试述南京板鸭加工工艺及操作要点。
6. 试述中式火腿和西式火腿加工的异同点。

模块七　灌肠制品加工

肠类制品现泛指以鲜（冻）畜禽、鱼肉为原料，经腌制或未经腌制，切碎成丁或绞碎成颗粒，或斩拌乳化成肉糜，再混合添加各种调味料、香辛料、黏着剂，充填入天然肠衣或人造肠衣中，经烘烤、烟熏、蒸煮、冷却或发酵等工序制成的肉制品。

任务一　肠类制品加工要点

一、选料

供肠类制品用的原料肉，应来自健康牲畜，经兽医检验合格的，质量良好、新鲜的肉。凡热鲜肉、冷却肉或解冻肉都可用来生产。

猪肉用瘦肉作肉糜、肉块或肉丁，而肥膘则切成肥膘丁或肥膘颗粒，按照不同配方标准加入瘦肉中，组成肉馅。而牛肉则使用瘦肉，不用脂肪。因此，肠类制品中加入一定数量的牛肉，可以提高肉馅的黏着力和保水性，使肉馅色泽美观，增加弹性。某些肠类制品还应用各种屠宰产品，如肉屑、肉头、食道、肝、脑、舌、心和胃等。

二、腌制

一般认为，在原料中加入2.5%的食盐和硝酸钠25 g，基本能适合人们的口味，并且具有一定的保水性和贮藏性。

将细切后的小块瘦肉和脂肪块或膘丁摊在案板上，撒上食盐用手搅拌，力求均匀。然后，装入高边的不锈钢盘或无毒、无色的食用塑料盘内，送入 0℃左右的冷库内进行干腌。腌制时间一般为2～3 d。

三、绞肉

绞肉系指用绞肉机将肉或脂肪切碎。在进行绞肉操作之前，检查金属筛板和刀刃部是否吻合。检查结束后，要清洗绞肉机。在用绞肉机绞肉时肉温应不高于

10℃。通过绞肉工序，原料肉被绞成细肉馅。

四、斩拌

将绞碎的原料肉置于斩拌机的料盘内，剁至糊浆状称为斩拌。绞碎的原料肉通过斩拌机的斩拌，目的是为了使肉馅均匀混合或提高肉的黏着性，增加肉馅的保水性和出品率，减少油腻感，提高嫩度；改善肉的结构状况，使瘦肉和肥肉充分拌匀，结合得更牢固。提高制品的弹性，烘烤时不易“起油”。在斩拌机和刀具检查清洗之后，即可进入斩拌操作。首先将瘦肉放入斩拌机中，注意肉不要集中于一处，宜全面辅开。然后启动搅拌机。斩拌时加水量，一般为每 50 kg 原料加水 1.5～2 kg，夏季用冰屑水，斩拌 3 min 后把调制好的辅料徐徐加入肉馅中，再继续斩拌 1～2 min，便可出馅。最后添加脂肪。肉和脂肪混合均匀后，应迅速取出。斩拌总时间为 5～6 min。

五、搅拌

搅拌的目的是使原料和辅料充分结合，使斩拌后的肉馅继续通过机械搅动达到最佳乳化效果。操作前要认真清洗搅拌机叶片和搅拌槽。搅拌操作程序是先投入瘦肉，接着添加调味料和香辛料。添加时，要洒到叶片的中央部位，靠叶片从内侧向外侧的旋转作用，使其在肉中分布均匀。一般搅拌 5～10 min。

六、充填

充填主要是将制好的肉馅装入肠衣或容器内，成为定型的肠类制品。这项工作包括肠衣选择、肠类制品机械的操作、结扎串竿等。充填操作时注意肉馅装入灌筒要紧要实；手握肠衣要轻松，灵活掌握，捆绑灌制品要结紧结牢，不使松散，防止产生气泡。

七、烘烤

烘烤的作用是使肉馅的水分再蒸发掉一部分，使肠衣干燥，紧贴肉馅，并和肉馅黏合在一起，防止或减少蒸煮时肠衣的破裂。另外，烘干的肠衣容易着色，且色调均匀。烘烤温度为 65～70℃，一般烘烤 40 min 即可。目前采用的有木柴明火、煤气、蒸汽、远红外线等烘烤方法。

八、煮制

肠类制品煮制一般用方锅，锅内铺设蒸汽管，锅的大小根据产量而定。煮制时先在锅内加水至锅的容量的80%左右，随即加热至90～95℃。如放入红曲，加以拌和后，关闭气阀，保持水温 80℃左右，将肠制品一杆一杆地放入锅内，排列整齐。煮制的时间因品种而异。如小红肠，一般需 10～20 min。其中心温度72℃时，证明已煮熟。熟后的肠制品出锅后，用自来水喷淋掉制品上的杂物，待其冷却后再烟熏。

九、熏制

熏制主要是赋予肠类制品以熏烟的特殊风味，增强制品的色泽，并通过脱水作用和熏烟成分的杀菌作用增强制品的保藏性。

传统的烟熏方法是燃烧木头或锯木屑，烟熏时间依产品规格质量要求而定。目前，许多国家采用烟熏液处理来代替烟熏工艺。

任务二　肠类制品加工

一、香肠加工

香肠是指以肉类为主要原料，经切、绞成丁，配以辅料，灌入动物肠衣再晾晒或烘烤而成的肉制品。

（一）工艺流程

原料肉选择与修整→切丁→拌馅、腌制→灌制→漂洗→晾晒或烘烤→成品。

（二）原料辅料

瘦肉 80 kg，肥肉 20 kg。猪小肠衣 300 m，精盐 2.2 kg，白糖 7.6 kg，白酒（50°）2.5 kg，白酱油 5 kg，硝酸钠 0.05 kg。

（三）加工工艺

（1）原料选择与修整。原料以猪肉为主，要求新鲜。瘦肉以腿臂肉为最好，肥膘以背部硬膘为好。加工其他肉制品切割下来的碎肉也可作原料。原料肉经过修整，去掉筋膜、骨头和皮。瘦肉用装有筛孔为 0.4～1.0 cm 的筛板的绞肉机绞碎，肥肉切成 0.6～1.0 cm^3 大小。肥肉丁切好后用温水清洗一次，以除去浮油及杂质，捞起沥干水分待用，肥瘦肉要分别存放。

（2）拌馅与腌制。按选择的配料标准，肥肉和辅料混合均匀。搅拌时可逐渐加入 20%左右的温水，以调节黏度和硬度，使肉馅更滑润、致密。在清洁室内放置 1～2 h。当瘦肉变为内外一致的鲜红色，用手触摸有坚实感，不绵软，肉馅中汁液渗出，手摸有滑腻感时，即完成腌制，此时加入白酒拌匀，即可灌制。

（3）灌制。将肠衣套在灌嘴上，使肉馅均匀地灌入肠衣中。要掌握松紧程度，不能过紧或过松。

（4）排气。用排气针扎刺湿肠，排出内部空气。

（5）结扎。按品种、规格要求每隔 10～20 cm 用细线结扎一道。

（6）漂洗。将湿肠用 35℃左右的清水漂洗一次，除去表面污物，然后依次分别挂在竹竿上，以便晾晒、烘烤。

（7）晾晒和烘烤。将悬挂好的香肠放在日光下暴晒 2～3 d。在日晒过程中，有胀气处应针刺排气。晚间送入烘烤房内烘烤，温度保持在 40～60℃。一般经过 3 昼夜的烘晒即完成，然后再晾挂到通风良好的场所风干 10～15 d 即为成品。

（四）质量标准

香肠质量标准系引用《中式香肠》（GB/T 23493—2009）（表 7-1、表 7-2）。

表 7-1　中式香肠感官指标

项目	指标
色泽	瘦肉呈红色，枣红色，脂肪呈乳白色，色泽分明，外表有光泽
香气	腊香味纯正浓郁，具有中式香肠（腊肠）固有的风味
滋味	滋味鲜美，咸甜适中
形态	外型完整、长短、粗细均匀，表面干爽呈现收缩后的自然皱纹

表 7-2　中式香肠理化指标

项　目	指　标
水分/%	≤25
氯化物（以 NaCl 计）/%	≤8
蛋白质/%	≤16
脂肪/%	≤45
总糖（以葡萄糖计）/%	≤22
酸价（以脂肪计）/（mg/g）	≤4
亚硝酸钠/（mg/kg）	≤20

二、灌肠加工

灌肠制品是以畜禽肉为原料，经腌制（或不腌制）、斩拌或绞碎而使肉成为块状、丁状或肉糜状态，再配上其他辅料，经搅拌或滚揉后而灌入天然肠衣或人造肠衣内经烘烤、熟制和熏烟等工艺而制成的熟制灌肠制品或不经腌制和熟制而加工的需冷藏的生鲜肠。

（一）工艺流程

原料肉选择和修整（低温腌制）→绞肉或斩拌→配料、制馅→灌制或填充→烘烤→蒸煮→烟熏→质量检查→贮藏。

（二）原料辅料

以哈尔滨红肠为例。猪瘦肉 76 kg，肥肉丁 24 kg，淀粉 6 kg，精盐 5～6 kg，味精 0.09 kg，大蒜末 0.3 kg，胡椒粉 0.09 kg，硝酸钠 0.05 kg。肠衣用直径 3～4 cm 猪肠衣，长 20 cm。

（三）操作要点

（1）原料肉的选择与修整。选择兽医卫生检验合格的可食动物瘦肉作原料，肥肉只能用猪的脂肪。瘦肉要除去骨、筋腱、肌膜、淋巴、血管、病变及损伤部位。

（2）腌制。将选好的肉切成一定大小的肉块，按比例添加配好的混合盐进行腌制。混合盐中通常盐占原料肉重的 2%～3%，亚硝酸钠占 0.025%～0.05%，抗坏血酸占 0.03%～0.05%。腌制温度一般在 10℃以下，最好是 4℃左右，腌制 1～3 d。

（3）绞肉或斩拌。腌制好的肉可用绞肉机绞碎或用斩拌机斩拌。斩拌时肉吸水膨润，形成富有弹性的肉糜，因此斩拌时需加冰水。加入量为原料肉的 30%～40%。斩拌时投料的顺序是猪肉（先瘦后肥）→冰水→辅料等。斩拌时间不宜过长，一般以 10～20 min 为宜。斩拌温度最高不宜超过 10℃。

（4）搅拌。在斩拌后，通常把所有辅料加入斩拌机进行搅拌，直至均匀。

（5）灌制与填充。将斩拌好的肉馅，移入灌肠机内进行灌制和填充。灌制时必须掌握松紧均匀。过松易使空气渗入而变质；过紧则在煮制时可能发生破损。如不是真空连续灌肠机灌制，应及时针刺放气。

灌好的湿肠按要求打结后，悬挂在烘烤架上，用清水冲去表面的油污，然后送入烘烤房进行烘烤。

（6）烘烤。烘烤温度 65～80℃，维持 1 h 左右，使肠的中心温度达 55～65℃。烘好的灌肠表面干燥光滑，无油流，肠衣半透明，肉色红润。

（7）蒸煮。水煮优于汽蒸。水煮时，先将水加热到 90～95℃，把烘烤后的肠下锅，保持水温 78～80℃。当肉馅中心温度达到 70～72℃时为止。感官鉴定方法是用手轻捏肠体，挺直有弹性，肉馅切面平滑光泽者表示煮熟。反之则未熟。

汽蒸煮时，肠中心温度达到 72～75℃时即可。例如肠直径 70 mm 时，则需要蒸煮 70 min。

（8）烟熏。烟熏可促进肠表面干燥有光泽；形成特殊的烟熏色泽（茶褐色）；增强肠的韧性；使产品具有特殊的烟熏芳香味；提高防腐能力和耐贮藏性。一般用三用炉烟熏，温度控制在 50～70℃，时间 2～6 h。

（9）贮藏。未包装的灌肠吊挂存放，贮存时间依种类和条件而定。湿肠含水量高，如在 8℃条件下，相对湿度 75%～78%时可悬挂 3 d。在 20℃条件下只能悬挂 1 d。水分含量不超过 30%的灌肠，当温度在 12℃，相对湿度为 72%时，可悬挂存放 25～30 d。

（四）质量标准

灌肠质量标准系引用《食品安全国家标准　熟肉制品》（GB 2726—2016）。

1．感官指标

肠衣（肠皮）干燥完整，并与内容物密切结合，坚实而有弹力，无黏液及霉斑，切面坚实而湿润，肉呈均匀的蔷薇红色，脂肪为白色，无腐臭，无酸败味。

2．理化指标

肉灌肠卫生指标见表 7-3。

表 7-3　肉灌肠理化指标

项　目	指　标
亚硝酸盐（以 $NaNO_2$ 计）/（mg/kg）	≤30
食品添加剂	按 GB 2760 规定

3．细菌指标

肉灌肠卫生指标见表 7-4。

表 7-4 肉灌肠细菌指标

项目	指标	
	出厂	销售
菌落总数/（个/g）	≤20 000	≤50 000
大肠菌群/（个/100 g）	≤30	≤30
致病菌（系指肠道致病菌及致病性球菌）	不得检出	不得检出

三、香肚加工

香肚是用猪肚皮作外衣，灌入调制好的肉馅，经过晾晒而制成的一种肠类制品。

（一）工艺流程

选料→拌馅→灌制→晾晒→贮藏。

（二）原料辅料

猪瘦肉 80 kg，肥肉 20 kg。250 g 的肚皮 400 只，白糖 5.5 kg，精盐 4～4.5 kg，香料粉 25 g（香料粉用花椒 100 份、大茴香 5 份、桂皮 5 份，焙炒成黄色，粉碎过筛而成）。

（三）操作要点

（1）浸泡肚皮。不论干制肚皮还是盐渍肚皮都要进行浸泡。一般要浸泡 3 h 乃至几天不等。每万只膀胱用明矾末 0.375 kg。先干搓，再放入清水中搓洗 2～3 次，里外层要翻洗，洗净后沥干备用。

（2）选料。选用新鲜猪肉，取其前、后腿瘦肉，切成筷子粗细、长约 3.5 cm 的细肉条，肥肉切成丁块。

（3）拌馅。先按比例将香料加入盐中拌匀，加入肉条和肥丁，混合后加糖，充分拌和，放置 15 min 左右，待盐、糖充分溶解后即行灌制。

（4）灌制。根据膀胱大小，将肉馅称量灌入，大膀胱灌馅 250 g，小膀胱灌馅 175 g。灌完后针刺放气，然后用手握住膀胱上部，在案板上边揉边转，直至香肚肉料呈苹果状，再用麻绳扎紧。

（5）晾晒。将灌好的香肚，吊挂在阳光下晾晒，冬季晒 3～4 d，春季晒 2～3 d，晒至表皮干燥为止。然后转移到通风干燥室内晾挂，1 个月左右即为成品。

（6）贮藏。晾好的香肚，每 4 只为 1 扎，每 5 扎套 1 串，层层叠放在缸内，缸的中央留一钵口大小的圆洞，按百只香肚用麻油 0.5 kg，从顶层香肚浇洒下去。以后每隔 2 d 浇洒 1 次，用长柄勺子把底层香油舀起，复浇至顶层香肚上，使每只香肚的表面经常涂满香油，防止霉变和氧化，以保持浓香色艳。用这种方法可将香肚贮存半年之久。

（四）质量标准

香肚质量标准系引用《食品安全国家标准　腌腊肉制品》（GB 2730—2015）（表 7-5、表 7-6）。

表 7-5　香肚感官指标

项　目	一级鲜度	二级鲜度
外　　观	肚皮干燥完整且紧贴肉馅，无黏液及霉点，坚实或有弹性	肚皮干燥完整且紧贴肉馅，无黏液及霉点，坚实或有弹性
组织状态	切面坚实	切开齐，有裂隙，周缘部分有软化现象
色　　泽	切面肉馅有光泽，肌肉灰红至玫瑰红色，脂肪白色或稍带红色	部分肉馅有光泽，肌肉深灰或咖啡色，脂肪发黄
气　　味	具有香肚固有的风味	脂肪有轻微酸味，有时肉馅带有酸味

表 7-6　香肚理化指标

项　目	指　标
水分/%	≤25
食盐（以 NaCl 计）/%	≤9
酸价（以 KOH 计）/（mg/g）	≤4
亚硝酸盐（以 $NaNO_2$ 计）/（mg/g）	≤20

【复习思考题】

1．试述肠制品的概念和种类。
2．简述香肠和灌肠的主要区别。
3．试述中式香肠的加工工艺及质量控制。
4．试述熟制灌肠加工的基本工艺及质量控制。
5．试述香肚的加工工艺及操作要点。

模块八　酱卤制品加工

在水中加食盐或酱油等调味料以及香辛料，经煮制而成的一类熟肉类制品称作酱卤制品。

酱卤制品是我国传统的一类肉制品，其主要特点是成品都是熟的，可以直接食用，产品酥润，有的带有卤汁，不易包装和贮藏，适于就地生产，就地供应。近些年来，由于包装技术的发展，已开始出现精包装产品。酱卤制品几乎在全国各地均有生产，但由于各地的消费习惯和加工过程中所用配料、操作技术不同，形成了许多地方特色风味的产品。有的已成为社会名产或特产，如苏州酱汁肉、北京月盛斋酱牛肉、南京盐水鸭、德州扒鸡、安徽符离集烧鸡等，不胜枚举。

酱卤制品突出调味与香辛料以及肉的本身香气，食之肥而不腻，瘦不塞牙。酱卤制品随地区不同，在风味上有甜、咸之别。北方式的酱卤制品咸味重，如符离集烧鸡；南方制品则味甜、咸味轻，如苏州酱汁肉。由于季节不同，制品风味也不同，夏天口重，冬天口轻。

酱卤制品中，酱与卤两种制品特点有所差异，两者所用原料及原料处理过程相同，但在煮制方法和调味材料上有所不同，所以产品特点、色泽、味道也不相同。在煮制方法上，卤制品通常将各种辅料煮成清汤后将肉块下锅以旺火煮制；酱制品则和各辅料一起下锅，大火烧开，文火收汤，最终使汤形成肉汁。在调料使用上，卤制品主要使用盐水，所用香辛料和调味料数量不多，故产品色泽较淡，突出原料的原有色、香、味；而酱制品所用香辛料和调味料的数量较多，故酱香味浓。酱卤制品因加入调料的种类、数量不同又有很多品种，通常有五香制品、红烧制品、酱汁制品、糖醋制品、卤制品以及糟制品等。

可以看出，酱卤制品的加工方法主要是两个过程，一是调味，二是煮制（酱制）。

任务一　调味和煮制

一、调味及其种类

（一）调味概念

调味就是根据不同品种、不同口味加入不同种类或数量的调料，加工成具有特定风味的产品。如南方人喜爱甜则在制品中多加些糖，北方人吃得咸则多加点盐，广州人注重醇香味则多放点酒。

（二）调味种类

根据加入调料的作用和时间大致分为基本调味、定性调味和辅助调味三种。

1. 基本调味

在原料整理后未加热前，用盐、酱油或其他辅料进行腌制，决定产品的咸味叫基本调味。

2. 定性调味

原料下锅加热时，随同加入的辅料如酱油、酒、香辛料等，决定产品的风味叫定性调味。

3. 辅助调味

加热煮熟后或制作酱卤制品的关键。必须严格掌握调料的种类、数量以及投放的时间（即将出锅时加入糖、味精等，以增加产品的色泽、鲜味叫辅助调味）。

二、煮制

煮制是酱卤制品加工中主要的工艺环节，其对原料肉实行热加工的过程中，使肌肉收缩变形，降低肉的硬度，改变肉的色泽，提高肉的风味，达到熟制的作用。加热的方式有水、蒸汽、油等，通常多采用水加热煮制。在酱卤制品加工中煮制方法包括清煮和红烧。

（一）清煮

清煮又称预煮、白煮、白锅等。其方法是将整理后的原料肉投入沸水中，不加任何调料，用较多的清水进行煮制。清煮的目的主要是去掉肉中的血水和肉本身的腥味或气味，在红烧前进行，清煮的时间因原料肉的形态和性质不同有异，一般为 15～40 min。清煮后的肉汤称白汤，清煮猪肉的白汤可作为红烧时的汤汁基础再使用，但清煮牛肉及内脏的白汤除外。

（二）红烧

红烧又称红锅。其方法是将清煮后的肉放入加有各种调味料、香辛料的汤汁中进行烧煮，是酱卤制品加工的关键性工序。红烧的目的不仅可使制品加热至熟，更重要的是使产品的色、香、味及产品的化学成分有较大的改变。红烧的时间，随产品和肉质不同而异，一般为 1～4 h。红烧后剩余之汤汁叫老汤或红汤，要妥善保存，待以后继续使用。制品加入老汤进行红烧风味更佳。

另外，油炸也是某些酱卤制品的制作工序，如烧鸡等。油炸的目的是使制品色泽金黄，肉质酥软油润，还可使原料肉蛋白质凝固，排除多余的水分，肉质紧密，使制品造型定型，在酱制时不易变形。油炸的时间，一般为 5～15 min。多数在红烧之前进行。但有的制品则经过清煮、红烧后再进行油炸，如北京盛月斋烧羊肉等。

（三）煮制火力

在煮制过程中，根据火焰的大小强弱和锅内汤汁情况，可分为大火、中火、小火三种。

（1）大火。又称旺火、急火等。大火的火焰高强而稳定，锅内汤汁剧烈沸腾。

（2）中火。又称温火、文火等。火焰较低弱而摇晃，锅内汤汁沸腾，但不强烈。

（3）小火。又称微火。火焰很弱而摇晃不定，锅内汤汁微沸或缓缓冒气。

火力的运用，对酱卤制品的风味及质量有一定的影响，除个别品种外，一般煮制初期用大火，中后期用中火和小火。大火烧煮的时间通常较短，其主要作用是尽快将汤汁烧沸，使原料初步煮熟。中火和小火烧煮的时间一般比较长，其作用可使肉品变得酥润可口，同时使配料渗入肉的深部。加热时火候和时间的掌握对肉制品质量有很大影响，需特别注意。

任务二　酱卤制品加工

一、酱卤制品种类

酱卤制品种类繁多，根据加入调料的种类与数量不同划分为七种：五香（或红烧）制品、酱汁制品、卤制品、蜜汁制品、糖醋制品、白煮制品、糟制品等。

其中五香制品在酱卤制品中无论是品种上，还是产销量都是最多的。

五香制品：又称酱制品，这类制品在制作中使用较多的酱油，同时加入了八角、桂皮、丁香、花椒、小茴香五种香料，产品的特点是色深、味浓。

酱汁制品：是以酱制为基础，加入红曲米为着色剂，在肉制品煮制将干汤出锅时把糖熬成汁刷在肉上，产品为樱桃红色，稍带甜味且酥润。

卤制品：是先调制好卤汁或加入陈卤，然后将原料肉放入卤汁中，开始用大火，煮沸后改用小火慢慢卤制。陈卤使用时间越长，香味和鲜味越浓，产品特点是酥烂，香味浓郁。

蜜汁制品：在制作中加入大量的糖分和红曲米水，产品多为红色，表面发亮，色浓味甜，鲜香可口。

糖醋制品：在辅料中加入糖和醋，产品具有甜酸的滋味。

白煮制品在加工原料过程中，只加盐不加其他辅料，也不用酱油，产品基本上仍是原料的本色。

糟制品：是在白煮的基础上，用“香糟”调味的一种冷食熟肉制品。

二、酱卤制品加工工艺

酱卤制品因是我国的传统肉制品，所以全国各地生产的品种很多，形成了许多名特优新产品。

（一）镇江肴肉

镇江肴肉是江苏省镇江市著名传统佳品，历史悠久。产品具有香、酥、鲜、嫩的特点，是一种冷食肉制品。

1. 工艺流程

原料选择与整理→腌制→煮制→压蹄→成品。

2. 原料辅料

去爪猪前后蹄膀 100 只，食盐 13.5～16.5 kg，绍酒 250 g，明矾 30 g，硝水 3 kg（硝酸钠 30 g 拌和于 5 kg 水中），花椒 75 g，八角 75 g，姜片 125 g，葱段 250 g。

3. 加工工艺

（1）原料选择与整理。选择新鲜的猪前后蹄膀（前蹄膀为好），去爪除毛，剔骨去筋，刮净并清洗污物。将蹄膀平放在操作台上，皮朝下用刀尖在蹄膀的瘦肉上戳若干个小孔。

（2）腌制。将硝水和食盐洒在猪蹄膀上，揉匀揉透，平放入有老卤汤的缸内腌制。春秋季节每只蹄膀用盐 110 g，腌制 3～4 d；夏季用盐 125 g，腌制 6～8 h；

冬天用盐 95 g，腌制 7～10 d。腌好出缸后放入冷水中浸泡 8 h，以除去涩味。取出刮去皮上污物，用清水冲洗干净。

（3）煮制。将全部香料分装入 2 个小布袋内并扎紧袋口放入锅内，在锅中加入清水 50 kg，加盐 4 kg，明矾 15 g，用旺火烧开后撇净浮沫，放入猪蹄膀，皮朝上，逐层相叠，加入绍酒，在蹄膀上盖竹箕，上放洁净的重物压紧，用中小火煮约 1 h，煮制过程将蹄膀上下翻换，再煮约 3 h 至九成烂时出锅，捞出香料袋，汤留用。

（4）压蹄。取直径 40 cm，边高 4.3 cm 的平盆 50 个。每个盆内平放 2 只蹄膀，皮朝下。每 5 个盆叠压在一起，上面再盖一个空盆。20 min 后，将所有盆内油卤逐个倒入锅内，与原来煮蹄膀的汤合在一起，用旺火将汤卤烧开，撇去浮油，放入明矾 15 g，清水 2～3 kg，再烧开并撇去浮油，将汤卤舀入蹄膀盆内，淹没肉面，置于阴凉处冷却凝冻（天热时，凉透后放入冰箱凝冻），即成水晶肴蹄。煮开的余卤即为老卤，可供下次继续使用。

4. 肴肉的国家卫生标准《食品安全国家标准　熟肉制品》（GB 2726—2016）

肴肉系指精选猪腿肉，加硝腌制，经特殊加工制成的熟肉品。

（1）感官指标。皮白，肉呈微红色，肉汁呈透明晶体状，表面湿润，有弹性，无异味，无异臭。

（2）理化指标。理化指标见表 8-1。

表 8-1　肴肉的理化指标

项　目	指　标
亚硝酸盐（以 $NaNO_2$ 计）/（mg/kg）	≤30

（3）细菌指标。细菌指标见表 8-2。

表 8-2　肴肉的细菌指标

项　目	指　标	
	出　厂	销　售
细菌总数/（个/g）	≤30 000	≤50 000
大肠菌群/（个/100 g）	≤70	≤150
致病菌（系指肠道致病菌及致病性球菌）	不得检出	不得检出

（二）广州卤猪肉

广州卤猪肉是广州人民喜爱的肉制品，其原料选择较随意，产品色、香、味、形俱全，常年可以制作。

1. 工艺流程

原料选择与整理→预煮→配卤汁→卤制→成品。

2. 原料辅料

猪肉 50 kg，食盐 1.2 kg，生抽酱油 2.2 kg，白糖 1.2 kg，陈皮 400 g，甘草 400 g，桂皮 250 g，花椒 250 g，八角 250 g，丁香 25 g，草果 250 g。

3. 加工工艺

（1）原料选择与整理。选用经兽医卫生检验合格的猪肋部、前后腿或头部带皮鲜肉，但肥膘不超过 2 cm。先将皮面修整干净并剔除骨头，后将肉切成 0.7～0.8 kg 的长方块。

（2）预煮。把整理好的肉块投入沸水锅内焯 15 min 左右，撇净血污，捞出锅后用清水洗干净。

（3）配制卤汁。将香辛料用沙布包好放入锅内，加清水 25 kg，小火煮沸 1 h 即配成卤汁。卤汁可反复使用，再次使用需加适量配料，卤汁越陈，制品的香味越佳。

（4）卤制。把经过焯水的肉块放入装有香料袋的卤汁中卤制，旺火烧开后改用中火煮制 40～60 min。煮制过程需翻锅 2～3 次，翻锅时需用小铁叉叉住瘦肉部位，以保持皮面整洁，不出油，趁热出锅晾凉即为成品。

4. 质量标准

成品的皮为金黄色，瘦肉呈棕色，食之咸淡适宜，五香味浓郁，皮糯肉烂，肥而不腻，出品率为 65%～70%。

（三）北京月盛斋酱牛肉

北京月盛斋酱牛肉是北京的名产，已有二百多年的历史，盛久不衰的主要原因是选料精，加工细，辅料配方有特点。

1. 工艺流程

原料选择与整理→调酱→装锅→酱制→成品。

2. 原料辅料

牛肉 50 kg，干黄酱 5 kg，粗盐 1.85 kg，丁香 150 g，豆蔻 75 g，砂仁 75 g，肉桂 100 g，白芷 75 g，八角 150 g，花椒 100 g。

3. 加工工艺

（1）原料选择与整理。选用符合卫生要求的优质牛肉。除去杂质、血污等，切成 750 g 左右的方肉块，然后用清水冲洗干净，控净血水。

（2）调酱。用一定量的水（以能淹没牛肉 6 cm 为合适）和黄酱拌和，用旺火烧沸 1 h，撇去上浮酱沫，去除酱渣。

（3）装锅。将整理好的牛肉，按不同部位和肉质老嫩，分别放入锅内。通常将结缔组织较多且肉质坚韧的肉放在底层，结缔组织少且肉较嫩的放在上层，然后倒入调好的酱液，再投入各种辅料。

（4）酱制。用大火煮制 4 h 左右，煮制过程中，撇出汤面浮物，以消除膻味。为使肉块均匀煮制，每隔 1 h，倒锅 1 次，再加入适量老汤和食盐，肉块必须浸没入汤中。再改用小火焖煮 3～4 h，使香味渗入肉内。出锅时应保持肉块完整，将锅内余汤冲洒在肉块上，即为成品。

4. 质量标准

成品为深褐色，油光发亮，无糊焦，酥嫩爽口，瘦肉不柴，不牙碜，五香味浓，无辅料渣，咸中有香，余味极强。

（四）道口烧鸡

道口烧鸡产于河南滑县道口镇，创始人张丙。距今已有 300 多年历史，经后人长期在加工技术中革新，使其成为我国著名的特产，广销四方，驰名中外，制品冷热食均可，属方便风味制品。

1. 工艺流程

原料选择→宰杀开剖→撑鸡造型→油炸→煮制→出锅→成品。

2. 原料辅料

100 只鸡（重量 100～125 kg），食盐 2～3 kg，硝酸钠 18 g，桂皮 90 g，砂仁 15 g，草果 30 g，良姜 90 g，肉豆蔻 15 g，白芷 90 g，丁香 5 g，陈皮 30 g，蜂蜜或麦芽糖适量。

3. 加工工艺

（1）原料选择。选择重量 1～1.25 kg 的当年健康土鸡。一般不用肉用仔鸡或老母鸡做原料，因为鸡龄太短或太长，其肉风味均欠佳。

（2）宰杀开剖。采用切断三管法放净血，刀口要小，放入 65℃左右的热水中浸烫 2～3 min，取出后迅速将毛褪净，切去鸡爪，从后腹部横开 7～8 cm 的切口，掏出内脏，割去肛门，洗净体腔和口腔。

（3）撑鸡造型。用尖刀从开膛切口伸入体腔，切断肋骨，切勿用力过大，以免破坏皮肤，用竹竿撑起腹腔，将两翅交叉插入口腔，使鸡体成为两头尖的半圆形。造型后，清洗鸡体，晾干。

（4）油炸。在鸡体表面均匀涂上蜂蜜水或麦芽糖水（水和糖的比例是 2∶1），稍沥干后放入 160℃左右的植物油中炸制 3～5 min，待鸡体呈金黄透红后捞出，沥干油。

（5）煮制。把炸好的鸡平整放入锅内，加入老汤。用纱布包好香料放入鸡的中层，加水浸没鸡体，先用大火烧开，加入硝酸钠及其他辅料。然后改用小火焖煮 2～3 h 即可出锅。

（6）出锅。待汤锅稍冷后，利用专用工具小心捞出鸡，保持鸡身不破不散，即为成品。

4. 质量标准

成品色泽鲜艳，黄里带红，造型美观，鸡体完整，味香独特，肉质酥润，有浓郁的鸡香味。

（五）苏州酱汁肉

苏州酱汁肉又名五香酱肉，历史悠久，是苏州著名传统产品。该制品加工技术精细，产品色、香、味俱全，驰名江南。

1. 工艺流程

原料选择及整理→清煮→烧煮→调制酱料→成品。

2. 原料辅料

猪肉 50 kg，食盐 1.5～2 kg，黄酒 2～3 kg，白糖 2～3 kg，桂皮 100 g，八角 100 g，葱 1 kg（捆成把），生姜 100 g，红曲水适量。

3. 加工工艺

（1）原料选择及整理。选用皮薄、肉质鲜嫩、肥膘不超过 2 cm 的带皮猪肋条肉为原料，刮净毛、血污等，切去奶头，切成 4 cm 见方的小块肉。

（2）清煮。又称焯水，把原料肉分批放入开水中煮制，在煮肉的白汤中加盐 1.5 kg，约煮 20 min，捞起后在清水中冲去污沫。将锅内的汤撇去浮油，全部舀出。

（3）烧煮（酱制）。锅内先放入老汤，烧开后放入香辛料，然后取竹片垫锅底，把经过清煮的肉块放入锅内，加入适量肉汤，用旺火烧开，加入黄酒、红曲米水，加盖用小火烧煮 1.5 h，出锅前将 1 kg 白糖均匀地撒在肉上，待糖溶化后，立即出锅，用尖筷逐块取出，一块块平摊在盘上晾凉。

（4）调制酱汁。出锅后余下的酱汁中加入 2 kg 白糖，用小火熬煎。不断搅拌，以防烧焦粘锅底。待调料形成胶状即成酱汁，去渣后装入容器内，以待出售或食用时浇在酱汁肉上。如遇气温低，酱汁冻结，须加热溶化后再用。

4. 质量标准

成品为成形的小方块，樱桃红色，皮糯肉烂，入口即化，甜中带咸，肥而不腻。

（六）德州扒鸡

德州扒鸡又称德州五香脱骨扒鸡，是山东省德州地方的传统风味特产。由于制作时扒水慢焖至烂熟，出锅一抖即可脱骨，但肌肉仍是块状，故名“扒鸡”。

1. 工艺流程

原料选择→宰杀、整形→上色和油炸→焖煮→出锅捞鸡→成品。

2. 原料辅料

光鸡 200 只，食盐 3.5 kg，酱油 4 kg，白糖 0.5 kg，小茴香 50 g，砂仁 10 g，肉豆蔻 50 g，丁香 25 g，白芷 125 g，草果 60 g，山萘 75 g，桂皮 125 g，陈皮 50 g，八角 100 g，花椒 50 g，葱 0.5 kg，姜 0.25 kg。

3. 加工工艺

（1）原料选择。选择健康的母鸡或当年的其他鸡，要求鸡体肥嫩，体重 1.2～1.5 kg。

（2）宰杀、整形。颈部刺杀放血，切断三管，放净血后，用 65～75℃热水浸烫，捞出后立即煺净毛，冲洗后，腹下开膛，取出所有内脏，用清水冲净鸡体内外，将鸡两腿交叉插入腹腔内，双翅交叉插入宰杀刀口内，从鸡嘴露出翅膀尖，形成卧体口含双翅的形态，沥干水后待加工。

（3）上色和油炸。用毛刷蘸取糖液（白糖加水煮成或用蜜糖加水稀释，按 1∶4 比例配成）均匀地刷在鸡体表面。然后把鸡体放到烧热的油锅中炸制 3～5 min，待鸡体呈金黄透红的颜色后立即捞出，沥干油。

（4）焖煮。香辛料装入纱布袋，随同其他辅料一齐放入锅内，把炸好的鸡体按顺序放入锅内排好，锅底放一层铁网可防止鸡体粘锅。然后放汤（老汤占总汤量一半），使鸡体全部浸泡在汤中，上面压上竹排和石块，以防止汤沸时鸡身翻滚。先用旺火煮 1～2 h，再改用微火焖煮，新鸡焖 6～8 h，老鸡焖 8～10 h 即可。

（5）出锅捞鸡。停火后，取出竹排和石块，尽快将鸡用钩子和汤勺捞出。为了防止脱皮、掉头、断腿，出锅时动作要轻，把鸡平稳端起，以保持鸡身的完整，出锅后即为成品。

4. 质量标准

成品色泽金黄，鸡翅、腿齐全，鸡皮完整，造型美观，肉质熟烂。趁热轻抖，骨肉自脱，五香味浓郁，口味鲜美。

（七）南京盐水鸭

南京盐水鸭是江苏省南京市传统的风味佳肴，至今已有 400 多年历史，加工制作不受季节限制，产品味道鲜，肉质嫩，颇受消费者欢迎。

1. 工艺流程

原料选择→宰杀→整理、清洗→腌制→烘干→煮制→成品。

2. 原料辅料

光鸭 10 只（重约 20 kg），食盐 300 g，八角 30 g，姜片 50 g，葱段 0.5 kg。

3. 加工工艺

（1）原料的选择与宰杀。选用肥嫩的活鸭，宰杀放血后，用热水浸烫并煺净毛，在右翅下开约 10 cm 长的口子，取出全部内脏。

（2）整理、清洗。斩去翅尖、脚爪。用清水洗净鸭体内外，放入冷水中浸泡 30～60 min，以除净鸭体中血水，然后吊挂沥干水分。

（3）腌制。先干腌后湿腌。

① 干腌。又称抠卤，每只光鸭用食盐 13～15 g，先取 3/4 的食盐，从右翅下刀口放入体腔、抹匀，将其余 1/4 食盐擦于鸭体表及颈部刀口处。把鸭坯逐只叠入缸内腌制，干腌时间 2～4 h，夏季时间短些。

② 湿腌。又称复卤，湿腌须先配制卤液。配制方法：取食盐 5 kg、水 30 kg、姜、葱、八角、黄酒、味精各适量，将上述配料放在一起煮沸，冷却后即成卤液，卤液可循环使用。复卤时，将鸭体腔内灌满卤液，并把鸭腌浸在液面下，时间夏季为 2 h，冬季为 6 h，腌后取出沥干水分。

（4）烘干。把腌好的鸭吊挂起来，送入烘炉房，温度控制在 45℃左右，时间约需 0.5 h，待鸭坯周身干燥起皱即可。经烘干的鸭在煮熟后皮脆而不韧。

（5）煮制。取一根竹管插入肛门，将辅料（其中食盐 150 g）混合后平均分成 10 份，每只鸭 1 份，从右翅下刀口放入鸭体腔内。锅内加入清水，烧沸后，将鸭放入沸水中，用小火焖煮 20 min，然后提起鸭腿，把鸭腹腔的汤水控回锅里，再把鸭放入锅内，使鸭腹腔灌满汤汁，反复 2～3 次，再焖煮 10～20 min，锅中水温控制在 85～90℃，待鸭熟后即可出锅。出锅时拔出竹管，沥去汤汁，即为成品。

4. 质量标准

皮白肉嫩，鲜香味美，清淡爽口，风味独特。

（八）东江盐焗鸡

东江盐焗鸡是广东省惠州市的传统风味名肴，至今已有 300 多年历史。特点是色泽素洁，滋味清香，很有风味。

1. 工艺流程

原料选择→宰杀、整理→腌制→盐焗→成品。

2. 原料辅料

母鸡 1 只（1.3 kg 左右），生盐（粗盐）2 kg，味精 3 g，八角粉 2 g，砂姜粉 2 g，生姜 5 g，葱段 10 g，小麻油、花生油适量。

3. 加工工艺

（1）原料选择。选用即将开产经育肥后的三黄鸡，体重为 1.25～1.5 kg。

（2）宰杀、整理。将活鸡宰杀放净血，烫毛并除净毛，在腹部开一小口取出所有内脏，去掉脚爪，用清水洗净体腔及全身，挂起沥干水分。

（3）腌制。鸡整理好后，把生姜、葱段捣碎与八角粉一起混匀，放入鸡腹腔内，腌制约 1 h。在一块大纱纸（皮纸）上均匀地涂上一层薄薄花生油，将鸡包裹好，不能露出鸡身。

（4）盐焗。将粗盐放在铁锅内，加火炒热至盐粒爆跳，取出 1/4 热盐放在有盖的砂锅底部，然后把包好的鸡放在盐上，再将其余 3/4 的盐均匀地盖满鸡身，不能露出，最后盖上砂锅盖，放在炉上用微火加热 10～15 min（冬季时间长些），使盐味渗入鸡肉内并焗熟鸡，取出冷却，剥去包纸即可食用。用小麻油，砂姜粉、味精与鸡腹腔内的汤汁混合均匀调成佐料，蘸着吃。

4. 质量标准

成品皮为黄色，有光泽，皮爽肉滑，肉质细嫩，骨头酥脆，滋味清香，咸淡适宜。

（九）白斩鸡

白斩鸡是我国传统名肴，特别是在广东、广西，每逢佳节，在喜庆迎宾宴席上，是不可缺少又是最受欢迎的菜肴。

1. 工艺流程

原料选择→宰杀、整形→煮制→成品。

2. 原料辅料

鸡 10 只，原汁酱油 400 g，鲜砂姜 100 g，葱头 150 g，味精 20 g，香菜、麻油适量。

3．加工工艺

（1）原料选择。选用临开产的本地良种母鸡或公鸡阉割后经育肥的健康鸡，体重1.3～2.5 kg为好。

（2）宰杀、整形。采用切断三管放净血，用65℃热水烫毛，拔去大小羽毛，洗净全身。在腹部距肛门2 cm处，剖开5～6 cm长的横切口，取出全部内脏，用水冲洗干净体腔内的淤血和残物，把鸡的两脚爪交叉插入腹腔内，两翅撬起弯曲在背上，鸡头向后搭在背上。

（3）煮制。将清水煮至60℃，放入整好形的鸡体（水需淹没鸡体），煮沸后，改用微火煮7～12 min。煮制时翻动鸡体数次，将腹内积水倒出，以防不熟。把鸡捞出后浸入冷开水中冷却几分钟，使鸡皮骤然收缩，皮脆肉嫩，最后在鸡皮上涂抹少量香油即为成品。

食用时，将辅料混合配成佐料，蘸着吃。

4．质量标准

成品皮呈金黄，肉似白玉，骨中带红，皮脆肉滑，细嫩鲜美，肥而不腻。

（十）广式扣肉

广式扣肉是广东、广西等地群众非常喜爱的美味佳肴，也是酒席上的佳品，其风味独特。食用前，因把肉从碗扣到盘子里，因此称为扣肉。

1．工艺流程

原料选择与整理→预煮→戳皮→上色、油炸→切片、蒸煮→成品。

2．原料辅料

猪肋条肉50 kg，食盐0.6 kg，白糖1 kg，白酒1.5 kg，酱油2.5 kg，味精0.3 kg，八角粉、花椒粉各100 g，南乳1.5 kg，水4 kg。

3．加工工艺

（1）原料选择与整理。选用经卫生检验合格的带皮去骨猪肋条肉为原料。修净残毛、淤血、碎骨等，然后切成10 cm宽的方块肉。

（2）预煮。将修整好的猪肋条肉放入锅内煮制，上、下翻动数次，煮沸20～30 min，即可捞出。

（3）戳皮。取出预煮的熟肉，用细尖竹签均匀地戳皮，但不要戳烂皮。戳皮的目的是使猪皮在炸制时易起泡，成品的扣肉皮脆。

（4）上色、油炸。在皮面上涂擦少许食盐和稀糖（1份麦芽糖和3份食醋配成），放入油温维持在100～120℃的油锅中炸制30～40 min，当皮炸起小泡时，把油温提高至180～220℃再炸2～3 min，直到皮面起许多大泡并呈金黄色时捞出。

为防皮炸焦，油锅底放一层铁网。锅内油不需过多，因主要炸皮面，否则因油炸时间长，影响成品率。

（5）切片、蒸煮。将油炸后的大肉块，切成 1 cm 厚的肉片，与辅料拌匀，然后把肉片整齐排在碗内，皮朝下，放在锅内蒸 1.5～2 h，上桌时，把肉扣到盘子里，即为成品。在一些地方，群众习惯用芋头或土豆作为配料，将芋头等切成片（大小厚度与扣肉相同）后，油炸约 5 min，与肉间隔放在碗内一起蒸，这样风味更好，食之不腻。

4．质量标准

广式扣肉色泽为金黄色，皮泡肉烂，肉片成型，香味浓郁，肥而不腻。

【复习思考题】

1．试述酱卤制品的种类及其特点。
2．酱卤制品加工中的关键技术是什么？
3．调味有哪些方法？
4．煮制时如何掌握火候？
5．酱制品和卤制品有何异同？
6．试述 1～2 种当地消费者喜欢的酱卤制品加工方法。

模块九　熏烤制品加工

熏烤制品是指以熏烤为主要加工手段的肉类制品，其制品分为熏制品和烤制品两类。熏制品是以烟熏为主要加工工艺生产的肉制品，烤制品是以烤制为主要加工工艺生产的肉制品。

任务一　熏烤制品概述

熏制是利用燃料没有完全燃烧的烟气对肉品进行烟熏，温度一般控制在 30～60℃，以熏烟来改变产品口味和提高品质的一种加工方法。

一、烟熏的目的

肉制品烟熏的目的如下：

（1）形成特有的烟熏味。

（2）使肉制品脱水，增强产品的防腐性，延长贮存期。

（3）使肉制品呈棕褐色，颜色美观。

（4）起杀菌作用，使产品对微生物的作用更稳定。

人们过去常以提高产品的防腐性为烟熏的主要目的，从目前市场销售情况和消费者喜爱来看，是以产品具有特殊的烟熏味作为主要目的。

二、熏烟成分及其作用

熏烟是由蒸汽、气体、液体（树脂）和微粒固体组合而成的混合物，熏制的实质就是制品吸收木材分解产物的过程。因此木材的分解产物是烟熏作用的关键。

熏烟的成分很复杂，现已从木材发生的熏烟中分离出来 200 多种化合物，其中常见的化合物为酚类、醇类、羰基类化合物、有机酸和烃类等。但并不意味着烟熏肉中存在所有化合物，有实验证明，对熏制品起作用的主要是酚类和羰基化合物。熏烟的成分常因燃烧温度与时间、燃烧室的条件、形成化合物的氧化变化以及其他许多因素的变化有差异。

1. 酚类

熏烟中有20多种酚类，其在熏制中的作用是：

（1）有抗氧化作用；

（2）使制品产生特有的烟熏风味；

（3）能抑菌防腐。

其中酚类的抗氧化作用对熏制品最重要，尤其是采用高温法熏制时，所产生的酚类，如2,6-双甲氧基酚有极强的抗氧化作用。

2. 羰基化合物

熏烟中的羰基化合物主要是酮类和醛类，它们存在于蒸汽蒸馏中，也存在于熏烟的颗粒上。羰基化合物可使熏制品形成熏烟风味和棕褐色。

3. 醇类

熏烟中醇的种类繁多，主要有甲醇、伯醇、仲醇等。醇类的作用主要是作为挥发性物质的载体。醇类的杀菌效果很弱，对风味、香气并不起主要作用。

4. 有机酸

熏烟中有1～10个碳的简单有机酸。有机酸有促使熏制品表面蛋白质凝固的作用，但对熏制品的风味影响较少，防腐作用也较弱。

5. 烃类

熏烟中有许多环烃类，其中有害成分以3,4-苯并[*a*]芘为代表，它是强致癌物质。随着温度的升高，3,4-苯并[*a*]芘的生成量直线增加，为了减少熏烟中的3,4-苯并[*a*]芘，提高熏制品的卫生质量，对发烟时燃烧温度要控制，把生烟室和烟熏室分开，将生成的熏烟在引入烟熏室前用其他方法加以过滤，然后通过管道把熏烟引进烟熏室进行熏制。

三、熏制方法

（一）冷熏法

冷熏法的温度为30℃以下，熏制时间一般需7～20 d，这种方法在冬季时比较容易进行，而在夏季时由于气温高，温度较难控制，特别是当发烟少的情况下易发生酸败现象。由于熏制时间长，产品深部熏烟味较浓，又因产品含水量通常在40%以下，提高了产品的耐贮藏性。本法主要用于腌肉或灌肠类制品。

（二）温熏法

温熏法又称热熏法。本法又可分为中温和高温两种。

（1）中温法。温度为 30～50℃，熏制时间视制品大小而定，如腌肉按肉块大小不同，熏制 5～10 h，火腿则 1～3 d。这种方法可使产品风味好，重量损失较少，但由于温度条件有利于微生物的繁殖，如烟熏时间过长，有时会引起制品腐败。

（2）高温法。温度为 50～80℃，多为 60℃，熏制时间在 4～10 h。采用本法在短时间内即可起到烟熏的目的，操作简便，节省劳力。但要注意烟熏过程不能升温过快，否则会有发色不均的现象。本法在我国肉制品加工中用的最多。

（三）焙熏法

焙熏法的温度为 95～120℃，是一种特殊的熏烤方法，包含有蒸煮或烤熟的过程。

为加快肉品熏制过程和改善熏制品的卫生质量，许多国家作了大量的试验，提出或运用了一些其他熏烟方法，如熏烟液法、电熏烟法等。我国目前很少应用，据资料证实，我国上海已生产提练出“烟熏剂”（液熏油），加到肉制品中，形成烟熏味，有生产单位应用，效果较好。

四、熏烟设备及燃料

（一）熏烟设备

熏烟设备根据发烟方式不同有差异，直接发烟式设备比较简单，只有烟熏室，烟熏室的装备不同又分为平床式、一层炉床式和多层炉床式。平床式是将烟熏室的地面作炉床；一层炉床式的烟熏室是下挖一层火床进行烟熏，使用比较多；多层炉床式的烟熏室为好几层，从最下面一层发烟，用滑车将制品放在适当位置进行烟熏。

间接发烟式设备有烟雾发生器、送风机、送烟控制装置、管道、烟熏室等。烟雾发生器产生的烟，利用送风机和送烟控制装置（附有烟浓度、温湿度控制装置等），通过管道将烟送入室内，自动控制熏烟的全过程。

（二）熏烟燃料

熏烟燃料很多，如木材、木屑、稻壳、蔗渣等。一般来说，硬木为熏烟最适宜的燃料，软质木或针叶树（如松木）应避免使用。胡桃木、赤木、橡木、苹果树都是较优质的熏烟燃料。熏烟成分中的酚类对熏制品的影响较大，不同品种木材熏制时酚的含量不同，情况见表 9-1。

表 9-1 不同品种木材熏制时酚的含量情况

木材品种	100 g 干灌肠中酚的含量/mg	100 g 干灌肠中醛的含量/mg 碘
赤杨木	19.15	45.10
白杨木	17.52	35.07
橡　木	16.84	39.24

一些国家采用特殊的熏烟粉，这种熏烟粉是含有特别香味成分的硬木材的混合物。

五、烤制方法

烤制是利用烤炉或烤箱在高温条件下干烤，温度一般在 180～220℃，由于温度较高，使肉品表面产生一种焦化物，从而使制品香脆酥口，有特殊的烤香味，产品已熟制，可直接食用。烤制使用的热源有木炭、无烟煤、红外线电热装置等。烤制方法分为明烤和暗烤两种。

（一）明烤

把制品放在明火或明炉上烤制称明烤。从使用设备来看，明烤分为三种：一种是将原料肉叉在铁叉上，在火炉上反复炙烤，烤匀烤透，烤乳猪就是利用这种方法；第二种是将原料肉切成薄片状，经过腌渍处理，最后用铁钎穿上，架在火槽上。边烤边翻动，炙烤成熟，烤羊肉串就是用这种方法；第三种是在盆上架一排铁条，先将铁条烧热，再把经过调好配料的薄肉片倒在铁条上，用木筷翻动搅拌，成熟后取下食用，这是北京著名风味烤肉的做法。

明烤设备简单，火候均匀，温度易于控制，操作方便，着色均匀，成品质量好。但烤制时间较长，须劳力较多，一般适用于烤制少量制品或较小的制品。

（二）暗烤

把制品放在封闭的烤炉中，利用炉内高温使其烤熟，称为暗烤。又由于制品要用铁钩钩住原料，挂在炉内烤制，又称挂烤。北京烤鸭、叉烧肉都是采用这种烤法。暗烤的烤炉最常用的有三种：一种是砖砌炉，中间放有一个特制的烤缸（用白泥烧制而成，可耐高温），烤缸有大小之分，一般小的一炉可烤 6 只烤鸭，大的一次可烤 12～15 只烤鸭。这种炉的优点是制品风味好，设备投资少，保温性能好，省热源，但不能移动。另一种是铁桶炉，炉的四周用厚铁皮制成，做成桶状，可移动，但保温效果差，用法与砖砌炉相似，均需人工操作。这两种炉都是用炭作为热源，因此风味较佳。还有一种为红外电热烤炉，比较先进，炉温、烤制时间、旋转方式均可设定控制，操作方便，节省人力，生产效率高，但投资较大，成品风味不如前面两种暗烤炉。

任务二　熏烤制品加工

一、沟帮子熏鸡

沟帮子是辽宁省锦州市北镇市的一座集镇，以盛产味道鲜美的熏鸡而闻名北方地区。沟帮子熏鸡已有50多年的历史，很受北方人的欢迎。

（一）工艺流程

原料选择→宰杀、整形→投料打沫→煮制→熏制→涂油→成品。

（二）原料辅料

鸡400只，食盐10 kg，白糖2 kg，味精200 g，香油1 kg，胡椒粉50 g，香辣粉50 g，五香粉50 g，丁香150 g，肉桂150 g，砂仁50 g，豆蔻50 g，砂姜50 g，白芷150 g，陈皮150 g，草果150 g，鲜姜250 g。

以上辅料是有老汤情况下的用量，如无老汤，则应将以上的辅料用量增加一倍。

（三）加工工艺

（1）原料选择。选用一年内的健康活鸡，公鸡优于母鸡，因母鸡脂肪多，成品油腻，影响质量。

（2）宰杀、整形。颈部放血，烫毛后煺净毛，腹下开腔，取出内脏，用清水冲洗并沥干水分。然后用木棍将鸡的两大腿骨打折，用剪刀将膛内胸骨两侧的软骨剪断，最后把鸡腿盘入腹腔，头部拉到左翅下。

（3）投料打沫。先将老汤煮沸，盛起适量沸汤浸泡新添辅料约1 h，然后将辅料与汤液一起倒入沸腾的老汤锅内，继续煮沸约5 min，捞出辅料，并将上面浮起的沫子撇除干净。

（4）煮制。把处理好的白条鸡放入锅内，使汤水浸没鸡体，用大火煮沸后改小火慢煮。煮到半熟时加食盐，一般老鸡要煮制2 h左右，嫩鸡则1 h左右即可出锅。煮制过程勤翻动，出锅前，要始终保持微沸状态，切忌停火捞鸡，这样出锅后鸡躯干爽质量好。

（5）熏制。出锅后趁热在鸡体上刷一层香油，放在铁丝网上，下面架有铁锅，铁锅内装有白糖与锯末（白糖与锯末的比例为 3∶1），然后点火干烧锅底，使其发烟，盖上盖经 15 min 左右，鸡皮呈红黄色即可出锅。熏好的鸡还要抹上一层香油，即为成品。

（四）质量标准

成品色泽枣红发亮，肉质细嫩，熏香浓郁，味美爽口，风味独特。

二、生熏腿

生熏腿又称熏腿，是西式烟熏肉制品中的一种高档产品，用猪的整只后腿加工而成。我国许多地方生产，受到群众的喜爱。

（一）工艺流程

原料选择与整形→腌制→浸洗→修整→熏制→成品。

（二）原料辅料

猪后腿 10 只（重 50～70 kg），食盐 4.5～5.5 kg，硝酸钠 20～25 g，白糖 250 g。

（三）加工工艺

（1）原料的选择与整形。选择无病健康的猪后腿肉，要求皮薄骨细，肌肉丰满的白毛猪。将选好的原料肉放入 0℃左右的冷库中冷却，使肉温降至 3～5℃，约需 10 h。待肉质变硬后取出修割整形，这样腿坯不易变形，外形整齐美观。整形时，在跗关节处割去脚爪，除去周边不整齐部分，修去肉面上的筋膜、碎肉和杂物。使肉面平整、光滑。刮去肉皮面残毛，修整后的腿坯重 5～7 kg，形似琵琶。

（2）腌制。采用盐水注射和干、湿腌配合进行腌制。先进行盐水注射，然后干腌，最后湿腌。

盐水注射需先配盐水，配制方法：取食盐 6～7 kg，白糖 0.5 kg，亚硝酸钠 30～35 g，清水 50 kg，置于一容器内，充分搅拌溶解均匀，即配成注射盐水。用盐水注射机把盐水强行注入肌肉，要分多部位、多点注射，尽可能使盐水在肌肉中分布均匀，盐水注射量约为肉重的 10%。注射盐水后的腿坯，应即时揉擦硝盐进行干腌，硝盐配制方法：取食盐和硝酸钠，按 100∶1 比例混合均匀即成。将配好的硝盐均匀揉擦在肉面上，硝盐用量约为肉重的 2%。擦盐后将腿坯置于 2～4℃冷库中，腌制 24 h 左右，最后将腿坯放入盐卤中浸泡，盐卤配制方法：50 kg 水中加盐约 9.5 kg，硝酸钠 35 g，充分溶解搅拌均匀即可。湿腌时，先把腿坯一层层排放在缸内或池内，底层的皮向下，最上面的皮向上，将配好的浸渍盐水倒入缸内，盐水的用量一般约为肉重的 1/3，以把肉浸没为原则。为防止腿坯上浮，可加压重物。浸渍时间约为 15 d，中间要翻倒几次，以便腌制均匀。

（3）浸洗。取出腌制好的腿坯，放入 25℃左右的温水中浸泡 4 h 左右。其目的是除去表层过多的盐分，以利提高产品质量，同时也使肉温上升，肉质软化，有利于清洗和修整。最后清洗刮除表面杂物和油污。

（4）修整。腿坯洗好后，需修割周边不规则的部分，削平耻骨，使肉面平整光滑。在腿坯下端用刀戳一小孔，穿上棉绳，吊挂在晾架上晾挂 10 h 左右，同时用干净的纱布擦干肉中流出的血水，晾干后便可进行烟熏。

（5）熏制。将修整后的腿坯挂入熏炉架上。选用无树脂的发烟材料，点燃后上盖碎木屑或稻壳，使之发烟。熏炉保持温度为 60～70℃，先高后低，整个烟熏时间为 8～10 h。如生产无皮火腿，须在坯料表面盖层纱布，以防木屑灰尘沾污成品。当手指按压坚实有弹性，表皮呈金黄色便出炉即为成品。

（四）质量标准

成品外形呈琵琶状，表皮金黄色，外表肉色为咖啡色，内部淡红色，硬度适宜，有弹性，肉质略带轻度烟熏味，清香爽口。

三、北京熏猪肉

北京熏猪肉是北京地区的风味特产，深受群众喜爱。

（一）工艺流程

原料选择与整修→煮制→熏制→成品。

（二）原料辅料

猪肉 50 kg，粗盐 3 kg，白糖 200 g，花椒 25 g，八角 75 g，桂皮 100 g，小茴香 50 g，鲜姜 150 g，大葱 250 g。

（三）加工工艺

（1）原料选择与整修。选用经卫生检验合格的猪肉，剔除骨头，除净余毛，洗净血块、杂物等，切成 15 cm 见方的肉块，用清水泡 2 h，捞出后沥干水待煮。

（2）煮制。把老汤倒入锅内并加入除白糖外的所有辅料，大火煮沸，然后把肉块放入锅内烧煮，开锅后撇净汤油及脏沫子，每隔 20 min 翻一次锅，约煮 1 h。出锅前把汤油及沫子撇净，将肉捞到盘子里，控净水分，再整齐地码放在熏屉内，以待熏制。

（3）熏制。熏肉的方法有两种：一种是用空铁锅坐在炉子上，用旺火将放入锅内底部的白糖加热至出烟，将熏屉放在铁锅内熏 10 min 左右即可出屉码盘；另一种熏制办法是用锯末、刨花放在熏炉内，熏 20 min 左右即为成品。

（四）质量标准

成品外观杏黄色，味美爽口，有浓郁的烟熏香味，食之不腻，糖熏制的有甜味。出品率 60%左右。

四、培根

培根是英文译音，意思是烟熏咸猪肉。培根是由西欧传入我国的一种风味肉品，其带有适口的咸味外，还有浓郁的烟熏香味。培根挂在通风干燥处，数月不变质。

（一）工艺流程

选料→原料整形→腌制→出缸浸泡、清洗→剔骨修割、再整形→烟熏→成品。

（二）原料辅料

猪肋条肉 50 kg；干腌料：食盐 1.75～2 kg，硝酸钠 25 g；湿腌料：水 50 kg，食盐 8.5 kg，白糖 0.75 kg，硝酸钠 35 g；注射用盐卤溶液约 2.5 kg。

（三）加工工艺

（1）选料。挑选肥膘厚度在 1.5～3 cm 厚的皮薄肉厚的五花肉，即猪第 3 根肋骨至第 1 腰椎骨的中下段方肉。

（2）原料整形。用小刀把肉胚的边修割整齐，割去腰肌和横隔膜，剔除脊椎骨，保留肋骨。每块重 8～10 kg。

（3）腌制。将干腌配料混合，均匀地涂擦于肉面及皮面上，置于 2～3℃的冷库内腌制 12 h，再取四个不同方位注射盐卤溶液（盐卤溶液的配方同湿腌配料，不同处是沸水配制，注射前需经过滤才能使用）。每块方肉注射 3～4 kg，然后将方肉浸入湿腌料液内，以超过肉面为准，湿腌 12 d，每隔 4 d 翻缸一次。

（4）出缸浸泡、清洗。将腌好的方肉放在清水中浸泡 2～3 h，洗去黏在肉面或肉皮上的盐渍和污物，然后捞出沥干水分。

（5）剔骨修割、再整形。用尖刀将肋骨剔出，刮尽残毛和皮上的油污，同时再将原料的边缘修割整齐。整形后在方肉的一端戳一个小洞穿上麻绳，挂在竹竿上，沥干水分，准备烟熏。

（6）烟熏。将方肉移入烟熏室内，烟熏温度控制在 60～70℃。时间约 10 h，待其表面呈金黄色即为成品。

（四）质量标准

成品皮面金黄色，无毛，切面瘦肉色泽鲜艳呈紫红色，无滴油，食之不腻，清香可口，烟熏味浓厚。

五、北京烤鸭

北京烤鸭是典型的烤制品，为我国著名特产。北京的“全聚德”烤鸭，以其优异的质量和独特的风味在国内外享有盛誉。

（一）工艺流程

原料选择→宰杀→打气→开膛、洗膛→挂钩→烫皮→挂糖色→灌水→烤制→成品。

（二）原料辅料

北京鸭 10 只，麦芽糖适量。

（三）加工工艺

（1）原料选择。选择经过填肥的北京鸭，以 55～65 日龄、活重 3～3.5 kg 的填鸭最为适宜。

（2）宰杀。切断三管，放净血，用 70℃热水浸烫鸭体 3～5 min，然后去掉大小绒毛，不能弄破皮肤，剁去双脚和翅尖。

（3）打气。从颈部放血切口处向鸭体打气，使气体充满鸭体皮下脂肪和结缔组织之间，当鸭身变成丰满膨胀的躯体便可。打气要适当，不能太足，会使皮肤胀破，也不能过少，以免膨胀不佳。充气目的是使鸭体外形丰满，显得更加肥嫩，烤制时受热均匀，容易熟透，烤鸭皮脆。

（4）开膛、洗膛。用尖刀从鸭右腋下开 6 cm 左右切口，取出全部内脏，然后取一根长约 7 cm 秸秆或细竹，塞进鸭腹，一端卡住胸部脊柱，另一端撑起鸭胸脯，要支撑牢固。支撑后把鸭逐只放入水中洗膛，用水先从右腋下刀口灌入体腔，然后倒出，反复洗几次，同时注意冲洗体表、口腔，把肠的断端从肛门拉出切除并洗净。

（5）挂钩。北京烤鸭过去挂钩比较复杂，现在用特制可旋转的活动钩，非常简便。使用时先用铁钩下面的两个小钩分别钩住两翅，头颈穿过铁钩中间的铁圈，即可将鸭体稳定地挂住。

（6）烫皮。提起挂鸭的钩，用沸水烫鸭皮，第一勺水先烫刀口处的侧面，防止跑气，再淋烫其他部位，用 3 勺沸水即可把鸭坯烫好。烫皮的目的是使皮肤紧缩，防止跑气，减少烤制时脂肪从毛孔流失，并使鸭体表层的蛋白质凝固，烤制后鸭皮酥脆。烫皮后须晾干水分。

（7）挂糖色。取 1 份麦芽糖或蜜糖与 6 份水混合后煮沸，和烫皮的方法一样，浇淋鸭体全身。挂糖色的目的是使鸭体烤制后呈枣红色，外表色泽美观。

（8）灌水。先用一节长约 6 cm 秸秆塞住肛门，以防灌水后漏水，然后从右腋下刀口注入体腔内沸水 80～100 ml。注入烫水的鸭进炉后能急剧汽化，这样里蒸外烤，易熟，并具有外脆里嫩的特色。灌水后再向鸭坯体表淋浇 2～3 勺糖液。

（9）烤制。将鸭坯挂入已升温的烤炉，炉温一般控制在 200～230℃。2 kg 左右的鸭坯需烤制 30～45 min。烤制时间和温度要根据鸭体大小与肥瘦灵活掌握，一般鸭体大而肥，烤制时间应长些，否则相反。如用砖砌炉或铁桶炉进行烤制，应勤调转鸭体方向，使之烤制均匀。当鸭全身烤至枣红色并熟透，出炉即为成品。

（四）质量标准

成品表面呈枣红色，油润发亮，皮脆里嫩，肉质鲜美，香味浓郁，肥而不腻。

六、广东脆皮乳猪

广东脆皮乳猪是广东地方传统风味佳肴，有着 1 400 多年的悠久历史，据说乾隆年间，烤乳猪已很盛行。由于产品风味很有特色，深受全国广大消费者的欢迎。

（一）工艺流程

原料选择→屠宰与整理→腌制→烫皮、挂糖色→烤制→成品。

（二）原料辅料

乳猪 1 头（5～6 kg），食盐 50 g，白糖 150 g，白酒 5 g，芝麻酱 25 g，干酱 25 g。

（三）加工工艺

（1）原料选择。选用 5～6 kg 重的健康有膘乳猪，要求皮薄肉嫩，全身无伤痕。

（2）屠宰与整理。放血后，用 65℃左右的热水浸烫，注意翻动，取出迅速刮净毛，用清水冲洗干净。从腹中线用刀剖开胸腹腔和颈肉，取出全部内脏器官，将头骨和脊骨劈开。切莫劈开皮肤，取出脊髓和猪脑，剔除第 2～3 条胸部肋骨和肩胛骨，用刀划开肉层较厚的部位，便于配料渗入。

（3）腌制。除麦芽糖之外，将所有辅料混和后，均匀地涂擦在体腔内，腌制时间夏天约 30 min，冬天可延长到 1～2 h。

（4）烫皮、挂糖色。腌好的猪坯，用特制的长铁叉从后腿穿过前腿到嘴角，把其吊起沥干水。然后用 80℃热水浇淋在猪皮上，直到皮肤收缩。待晾干水分后，将麦芽糖水（1 份麦芽糖加 5 份水）均匀刷在皮面上，最后挂在通风处待烤。

（5）烤制。烤制有两种方法，一种是用明炉烤制，另一种是用挂炉烤制。

① 明炉烤制。铁制长方形烤炉，用木炭把炉膛烧红，将叉好的乳猪置于炉上，先烤体腔肉面，约烤 20 min 后，然后反转烤皮面，烤 30～40 min 后，当皮面色泽开始转黄和变硬时取出，用针板扎孔，再刷上一层植物油（最好是生茶油），然后再放入炉中烘烤 30～50 min，当烤到皮脆，皮色变成金黄色或枣红色即为成品。整个烤制过程不宜用大火。

② 挂炉烤制。将烫皮和已涂麦芽糖晾干后的猪坯挂入加温的烤炉内，约烤制 40 min，猪皮开始转色时，将猪坯移出炉外扎针、刷油，再挂入炉内烤制 40～60 min，至皮呈红黄色而且脆时即可出炉。烤制时炉温需控制在 160～200℃。挂炉烤制火候不是十分均匀，成品质量不如明炉。

（四）质量标准

合格的脆皮乳猪，体形表观完好，皮色为金黄色或枣红色，皮脆肉嫩，松软爽口，香甜味美，咸淡适中。远在北魏时期成书的《齐民要术》中有关于烤乳猪的详细记载，其中对烤乳猪品质的标准要求是“色同琥珀，又类真金，入口则消，状若凌雪，含浆膏润，特异非常”。

七、广东叉烧肉

广东叉烧肉是广东各地最普遍的烤肉制品，也是群众最喜爱的烧烤制品之一。因其在选料上的不同，有枚叉、上叉、花叉和斗叉等品种。

（一）工艺流程

原料选择与整理→腌制→上铁叉→烤制→上麦芽糖→成品。

（二）原料辅料

鲜猪肉 50 kg，精盐 2 kg，白糖 6.5 kg，酱油 5 kg，白酒（50°）2 kg，五香粉 250 g，桂皮粉 350 g，味精、葱、姜、色素、麦芽糖适量。

（三）加工工艺

（1）原料选择与整理。枚叉采用全瘦猪肉；上叉用去皮的前、后腿肉；花叉用去皮的五花肉；斗叉用去皮的颈部肉。将肉洗净并沥干水，然后切成长约 40 cm、宽 4 cm、厚 1.5～2 cm 的肉条。

（2）腌制。切好的肉条放入盆内，加入全部辅料与肉拌匀，将肉不断翻动，使辅料均匀渗入肉内，腌浸 1～2 h。

（3）上铁叉。将肉条穿上特制的倒丁字形铁叉（每条铁叉穿 8～10 条肉），肉条之间须间隔一定空隙，以便制品受热均匀。

（4）烤制。把炉温升至 180～220℃，将肉条挂入炉内进行烤制。烤制 35～45 min，制品呈酱红色即可出炉。

（5）上麦芽糖。当叉烧出炉稍冷却后，在其表面刷上一层糖胶状的麦芽糖即为成品。麦芽糖使制品油光发亮，更美观，且增加适量甜味。

（四）质量标准

成品色泽为酱红色，香润发亮，肉质美味可口，咸甜适宜。

八、烤鸡

（一）工艺流程

选料→屠宰与整形→腌制→上色→烤制→成品。

（二）原料辅料

肉鸡100只（重150～180 kg），食盐9 kg，八角20 g，小茴香20 g，草果30 g，砂仁15 g，豆蔻15 g，丁香3 g，肉桂90 g，良姜90 g，陈皮30 g，白芷30 g，麦芽糖适量。

（三）加工工艺

（1）选料。选用8周龄以内，体态丰满，肌肉发达，活重1.5～1.8 kg，健康的肉鸡为原料。

（2）屠宰与整形。采用颈部放血，60～65℃热水烫毛，煺毛后冲洗干净，腹下开膛取出内脏，斩去鸡爪，两翅按自然屈曲向背部反别。

（3）腌制。采用湿腌法。湿腌料配制方法是：将香料用纱布包好放入锅中，加入清水90 kg，并放入食盐，煮沸20～30 min，冷却至室温即可。湿腌料可多次利用，但使用前要添加部分辅料。将鸡逐只放入湿腌料中，上面用重物压住，使鸡淹没在液面下，时间为3～12 h，气温低时间长些，反之则短，腌好后捞出沥干水分。

（4）上色。用铁钩把鸡体挂起，逐只浸没在烧沸的麦芽糖水［水与糖的比例为（6～8）∶1］中，浸烫30 s左右，取出挂起晾干水分。还可在鸡体腔内装填姜2～3片，水发香菇2个，然后入炉烤制。

（5）烤制。现多用远红外线烤箱烤制，炉温恒定至160～180℃，烤45 min左右。最后升温至220℃烤5～10 min。当鸡体表面呈枣红色时出炉即为成品。

（四）质量标准

成品外观颜色均匀一致呈枣红色或黄红色，有光泽，鸡体完整，肌肉切面紧密，压之无血水，肉质鲜嫩，香味浓郁。

【复习思考题】

1．试述烟熏的目的。

2．简述熏烟的成分及其作用。
3．烟熏的方法有哪些？
4．简述烟熏的设备及燃料的选择原则。
5．烧烤的方法有哪几种？各有何特点？
6．简述烧烤制品色泽及风味形成原因。
7．举例说明 1～2 种消费者喜欢的熏烤肉制品的加工工艺及操作要点。

模块十　干肉制品加工

肉品干制就是在自然条件或人工控制条件下促使肉中水分蒸发的一种工艺过程，也是肉类食品最古老的贮藏方法之一。干制肉品是以新鲜的畜禽瘦肉作为原料，经熟制后再经脱水干制而成的一种干燥风味制品，全国各地均有生产。干制品具有营养丰富，美味可口，重量轻，体积小，食用方便，质地干燥，便于保存携带，颇受旅行、探险和地质勘测等方面人员的欢迎。

任务一　干制的基本原理和方法

一、干制的基本原理

干制既是一种保存手段，又是一种加工方法。肉品干制的基本原理可概括为一句话：通过脱去肉品中的一部分水，抑制了微生物的活动和酶的活力，从而达到加工出新颖产品或延长贮藏时间的目的。

水分是微生物生长发育所必需的营养物质，但是并非所有的水分都被微生物利用，如在添加一定数量的糖、盐的水溶液中，大部分水分就不能被利用。我们把能被微生物、酶化学反应所触及的水分（一般指游离水）称为有效水分。衡量有效水分的多少用水分活度（A_W）表示。水分活度是食品中水分的蒸汽压（P）与纯水在该温度时的蒸汽压（P_0）的比值。一般鲜肉、煮制后鲜制品的水分活度在 0.99 左右，香肠类在 0.93～0.97，牛肉干在 0.90 左右。

每一种微生物生长，都有所需的最低水分活度值。一般来说，霉菌需要的 A_W 为 0.80 以上，酵母菌为 0.88 以上，细菌生长为 0.99～0.91。总体上来说，肉与肉制品中大多数微生物都只有在较高 A_W 条件下才能生长。只有少数微生物需要低的 A_W。因此，通过干制降低 A_W 就可以抑制肉制品中大多数微生物的生长。但是必须指出，一般干燥条件下，并不能使肉制品中的微生物完全致死，只是抑制其活动。若以后环境适宜，微生物仍会继续生长繁殖。因此，肉类在干制时一方面要进行适当的处理，减少制品中各类微生物数量；另一方面干制后要采用合适的包装材料和包装方法，防潮防污染。

二、影响食品干制的因素

（一）食品表面积

为了加速湿熟交换，食品常被分割成薄片或小片后，再行脱水干制。物料切成薄片或小颗粒后，缩短了热量向食品中心传递和水分从食品中心外移的距离，增加了食品和加热介质相互接触的表面积，为食品内水分外逸提供了更多的途径，从而加速了水分蒸发和食品脱水干制。食品的表面积越大，干燥速度越快。

（二）温度

传热介质和食品间温差越大，热量向食品传递的速度也越大，水分外逸速度也增加。若以空气为加热介质，则温度就降为次要因素。原因是食品内水分以水蒸气状态从它表面外逸时，将在其周围形成饱和水蒸气层，若不及时排除掉，将阻碍食品内水分进一步外逸。从而降低了水分的蒸发速度。不过温度越高，它在饱和前所能容纳的蒸汽量越多，同时若接触空气量越大，所能吸收水分蒸发量也就越多。

（三）空气流速

加速空气流速，不仅因热空气所能容纳的水蒸气量将高于冷空气而吸收较多的蒸发水分，还能及时将聚积在食品表面附近的饱和湿空气带走，以免阻止食品内水分进一步蒸发，同时还因和食品表面接触的空气量增加，而显著地加速食品中水分的蒸发。因此，空气流速越快，食品干燥速度越迅速。

（四）空气湿度

脱水干制时，如用空气作干燥介质，空气越干燥，食品干燥速度也越快，近于饱和的湿空气进一步吸收蒸发水分的能力，远比干燥空气差。

（五）大气压力和真空

在大气压力为 1 个大气压时，水的沸点为 100℃，如大气压力下降，则水的沸点也就下降，气压越低，沸点也降低，因此在真空室内加热干制时，就可以在较低的温度下进行。

三、干制方法

肉类脱水干制方法，随着科学技术不断发展，也不断地改进和提高。按照加工的方法和方式，目前已有自然干燥、人工干燥、低温冷冻升华干燥等。按照干制时产品所处的压力和加热源可以分为常压干燥、微波干燥和减压干燥。

（一）根据干燥的方式分类

1．自然干燥

自然干燥法是古老的干燥方法，要求设备简单，费用低，但受自然条件的限制，温度条件很难控制，大规模的生产很少采用，只是在某些产品加工中作为辅助工序采用，如风干香肠的干制等。

2．烘炒干燥

烘炒干燥法也称传导干制。靠间壁的导热将热量传给与壁接触的物料。由于湿物料与加热的介质（载热体）不是直接接触，又称间接加热干燥。传导干燥的热源可以是水蒸气、热力、热空气等。可以在常温下干燥，亦可在真空下进行。加工肉松都采用这种方式。

3．烘房干燥

烘房干燥法也称对流热风干燥。直接以高温的热空气为热源，借对流传热将热量传给物料，故称为直接加热干燥。热空气既是热载体又是湿载体。一般对流干燥多在常压下进行。因为在真空干燥情况下，由于气相处于低压，热容量很小，不能直接以空气为热源，必须采用其他热源。对流干燥室中的气温调节比较方便，物料不至于过热，但热空气离开干燥室时，带有相当大的热能。因此，对流干燥热能的利用率较低。

4．低温升华干燥

在低温下一定真空度的封闭容器中，物料中的水分直接从冰升华为蒸汽，使物料脱水干燥，称为低温升华干燥。较上述三种方法，此法不仅干燥速度快，而且最能保持原来产品的性质，加水后能迅速恢复原来的状态。保持原有成分，很少发生蛋白质变性。但设备较复杂，投资大，费用高。此外，尚有辐射干燥、介电加热干燥等，在肉类干制品加工中很少使用，故此处不作介绍。

上述几种干燥方法除冷冻升华干燥之外，其他如自然传导、对流等加热的干燥方式，热能都是从物料表面传至内部，物料表面温度比内部高，而水分是从内部扩散至表面，在干燥过程中物料表面先变成干燥固体的绝热层，使传热和内部水分的汽化及扩散增加了阻力，故干燥的时间较长。而微波加热干燥则相反，湿物料在高频电场中很快被均匀加热。由于水的介电常数比固体物料要大得多，在干燥过程中物料内部的水分总是比表面高。因此，物料内部所吸收的电能或热能比较多，则物料内部的温度比表面高。由于温度梯度与水分扩散的温度梯度是同一方向的，所以，促进了物料内部的水分扩散速度增大，使干燥时间大大缩短，所加工的产品均匀而且清洁。因此在食品工业中广泛应用。

（二）按照干制时产品所处的压力和热源分类

肉置于干燥空气中，则所含水分自表面蒸发而逐渐干燥。为了加速干燥，则需扩大表面积，因而，常将肉切成片、丁、粒、丝等形状。干燥时空气的温度湿度等都会影响干燥速度。为了加速干燥，不仅要加强空气循环，而且还需加热。但加热会影响肉制品品质，故又有了减压干燥的方法。肉品的干燥根据其热源不同，可分为自然干燥和加热干燥，而干燥的热源有蒸汽、电热、红外线及微波等；根据干燥时的压力，肉制品干燥方法包括常压干燥和减压干燥，减压干燥包括真空干燥和冷冻干燥。

1. 常压干燥

鲜肉在空气中放置时，其表面的水分开始蒸发，造成食品中内外水分密度差，导致内部水分间表面扩散。因此，其干燥速度是由水分在表面蒸发速度和内部扩散的速度决定的。但在升华干燥时，则无水分的内部扩散现象，是由表面逐渐移至内部进行升华干燥。

常压干燥过程包括恒速干燥和降速干燥两个阶段，而降速干燥阶段又包括第一降速干燥阶段、第二降速干燥阶段。在恒速干燥阶段，肉块内部水分扩散的速率要大于或等于表面蒸发速度，此时水分的蒸发是在肉块表面进行，蒸发速度是由蒸汽穿过周围空气膜的扩散速率所控制，其干燥速度取决于周围热空气与肉块之间的温度差，而肉块温度可近似认为与热空气湿球温度相同。在恒速干燥阶段将除去肉中绝大部分的游离水。

当肉块中水分的扩散速率不能再使表面水分保持饱和状态时，水分扩散速率便成为干燥速度的控制因素。此时，肉块温度上升，表面开始硬化，干燥进入降速干燥阶段。该阶段包括两个阶段：水分移动开始稍感困难阶段为第一降速干燥阶段，以后大部分成为胶状水的移动则进入第二降速干燥阶段。

肉品进行常压干燥时，温度对内部水分扩散的影响很大。干燥温度过高，恒速干燥阶段缩短，很快进入降速干燥阶段，但干燥速度反而下降。因为在恒速干燥阶段，水分蒸发速度快。肉块的温度较低，不会超过其湿球温度，加热对肉的品质影响较小。但进入降速干燥阶段，表面蒸发速度大于内部水分扩散速率，致使肉块温度升高，极大地影响肉的品质，且表面形成硬膜，使内部水分扩散困难，降低了干燥速率，导致肉块中内部水分含量过高，使肉制品在贮藏期间腐烂变质。故确定干燥工艺参数时要加以注意。在干燥初期，水分含量高，可适当提高干燥温度，随着水分减少应及时降低干燥温度。现在有报道在完成恒速干燥阶段后，采用回潮后再行干燥的工艺效果良好。据报道，用煮熟肌肉在回转式烘干机中干燥过程中出现了多个恒速干燥阶段。干燥和回潮交替进行的新工艺有效地克服了肉块表面下硬和内部水分过高这一缺陷（S.F.Chang，1991）。除了干燥温度外，湿度、通风量、肉块的大小、摊铺厚度等都影响干燥速度。常压干燥时温度较高。且内部水分移动，易与组织酶作用，常导致成品品质变劣、挥发性芳香成分逸失等缺点，但干燥肉制品特有的风味也在此过程中形成。

2. 微波干燥

用蒸汽、电热、红外线烘干肉制品时，耗能大、时间长，易造成外焦内湿现象。利用新型微波能技术则可有效地解决以上问题。微波是电磁波的一个频段，频率范围为 300～3 000 MHz。微波发生器产生电磁波，形成带有正负极的电场。食品中有大量的带正负电荷的分子（水、盐、糖），在微波形成的电场作用下。带负电荷的分子向电场的正极运动，而带正电荷的分子向电场负极运动。由于微彼形成的电场变化很大（一般为 300～3 000MHz），且呈波浪性变化，使分子随着电场的方向变化而产生不同方向的运行。分子间的运动经常产生阻碍、摩擦而产生热量，使肉块得以干燥。而且这种效应在微波一旦接触到肉块时就会在肉块内外同时产生。而无须热传导、辐射、对流，在短时内即可达到干燥的目的，且使肉块内外受热均匀，表面不易焦糊。但微波干燥设备有投资费用较高、干肉制品的特征性风味和色泽不明显等缺点。

3. 减压干燥

食品置于真空中，随真空度的不同，在适当温度下，其所含水分则蒸发或升华。也就是说，只要对真空度作适当调节，即使是在常温以下的低温。也可进行干燥。理论上水在真空度为 613.18Pa 以下的真空中，液体的水则成为固体的水。同时冰直接变成水蒸气而蒸发，即所谓升华。就物理现象而言，采用减压干燥，随着真空度的不同，无论是水的蒸发还是冰的升毕，都可以制得干制品。因此肉品的减压干燥有真空干燥（Vaccum Dehydration）和冻结干燥（Freezedfy，Freezed Dehydration）两种。

真空干燥是指肉块在未达结冰温度的真空状态（减压）下加速水分的蒸发而进行干燥。在真空干燥初期，与常压干燥时相同。存在着水分的内部扩散和表面蒸发。但在整个干燥过程中，则主要为内部扩散与内部蒸发共同进行干燥。

因此，与常压干燥相比较干燥时间缩短。表面硬化现象减小。真空干燥虽使水分在较低温度下蒸发干燥，但因蒸发而芳香成分的逸失及轻微的热变性在所难免。

冻结干燥相似于前述的低温升华干燥，是指将肉块冻结后，在真空状态下，使肉块中的冰升华而进行干燥。这种干燥方法对色、味、香、形无任何不良影响，是现代最理想的干燥方法。我国冻结干燥法在干肉制品加工中的应用才起步，相信会得到迅速发展。冻结干燥是将肉块急速冷冻超至−40～−30℃，将其置于可保持真空度 13～133 Pa 的干燥室中，因冰的升华而进行干燥。冰的升华速度，因干燥室的真空度及升华所需要而给予的热量所决定。另外，肉块的大小、薄厚均有影响。冻结干燥法虽需加热，但并不需要高温，只供给升华潜热并缩短其干燥时间即可。冻结干燥后的肉块组织为多孔质，未形成水不浸透性层，且其含水量少，故能迅速吸水复原，是方便面等速食品的理想辅料。同理贮藏过程中也非常容易吸水，且其多孔质与空气接触面积增大，在贮藏期间易被氧化变质，特别是脂肪含量高时更是如此。

四、制品的包装

包装前的干制肉品，常需进行筛选去杂，剔除块片和颗粒大小不合标准的产品以提高产品质量标准，去杂多为人工挑选。为使肉松进一步蓬松，用擦松机和挑松机可使其更加整齐一致。

用烘房干燥或自然干制方法制得的干制品各自所含的水分并不是均匀一致，而且在其内部也不是均匀分布，常需均湿处理，即在密封室内进行短暂贮藏，以便使水分在干制品内部及干制品相互间进行扩散和重新分布，最后达到均匀一致的要求。

干制品的外包装一般采用塑料薄膜。

任务二　干制品加工

肉类干制品主要有肉干、肉松、肉脯三大类。

一、肉干加工

肉干是用牛、猪等瘦肉经预煮后，加入配料复煮，最后经烘烤而成的一种肉制品。由于原料肉、辅料、产地、外形等不同，其品种较多，如根据原料肉不同有牛肉干、猪肉干、羊肉干等；根据形状分为片状、条状、粒状等肉干；按辅料不同有五香肉干、麻辣肉干、咖喱肉干等。但各种肉干的加工工艺基本相同。

（一）上海咖喱猪肉干

上海咖喱猪肉干是上海著名的风味特产。肉干中含有的咖喱粉是一种混合香料，颜色为黄色，味香辣，很受人们的喜爱。

1. 工艺流程

原料选择与整理→预煮、切丁→复煮、翻炒→烘烤→成品。

2. 原料辅料

猪瘦肉 50 kg，精盐 1.5 kg，白糖 6 kg，酱油 1.5 kg，高粱酒 1 kg，味精 250 g，咖喱粉 250 g。

3. 加工工艺

① 原料选择与整理。选用新鲜的猪后腿或大排骨的精瘦肉，剔除皮、骨、筋、膘等，切成 0.5～1 kg 大小的肉块。

② 预煮、切丁。坯料倒入锅内，并放满水，用旺火煮制，煮到肉无血水时便可出锅。将煮好的肉块切成长 1.5 cm、宽 1.3 cm 的肉丁。

③ 复煮、翻炒。肉丁与辅料同时下锅，加入白糖 3.5～4 kg，用中火边煮边翻炒，开始时炒慢些，到卤汁快烧干时稍快一些，不能焦粘锅底，一直炒至汁干后才出锅。

④ 烘烤。出锅后，将肉丁摊在铁筛子上，要求均匀，然后送入 60～70℃烤炉或烘房内烘烤 6～7 h，为了均匀干燥，防止烤焦，在烘烤时应经常翻动，当产品表里均干燥时即为成品。

4. 质量标准

成品外表黄色，里面深渴色，呈整粒丁状，柔韧甘美，肉香浓郁，咸甜适中，味鲜可口。出品率一般为 42%～48%。

（二）哈尔滨五香牛肉干

哈尔滨牛肉干是哈尔滨的名产。产品历史悠久，风味佳，是国内比较畅销的干制品。

1. 工艺流程

原料选择与整理→浸泡、清煮→冷却、切块→复煮→烘烤→成品。

2. 原料辅料

牛肉 50 kg，食盐 1.8 kg，白糖 280 g，酱油 3.5 kg，黄酒 750 g，味精 100 g，姜粉 50 g，八角 75 g，桂皮 75 g，辣椒面 100 g，安息香酸钠 25 g。

3. 加工工艺

① 原料选择与整理。选择无粗大筋腱并经过卫生检验合格的新鲜牛肉，切成0.5 kg左右重的肉块。

② 浸泡、清煮。切好的肉块放入冷水浸泡1 h左右，让其脱出血水后，捞出沥干水分。然后把肉块投入锅内，加入食盐1.5 kg，八角75 g，桂皮75 g，清水15 kg，一起煮制，温度需保持在90℃以上，不断翻动肉块，使其上下煮制均匀，并随时清除肉汤面上的浮油沫，约煮1.5 h，肉内部切面呈粉红色就可出锅。

③ 冷却、切块。出锅后的肉放在竹筐中晾透，然后除去肉块上较大的筋腱，切成1 cm^3左右肉丁。

④ 复煮。除酒和味精外，将其他剩余的辅料与清煮时的肉汤拌和，再把切好的小肉丁倒入其内，放入锅中复煮，煮制过程不断翻动，待肉汤快要熬干时，倒入酒、味精等，翻动数次，汤干出锅，出锅后盛在烤筛内摊开，摆在架子上晾凉。

⑤ 烘烤。将摊有肉丁的筛子放进烘房或烘炉的格架上进行烘烤，烘房或烘炉的温度保持在50～60℃，每隔1 h应把烤筛上下换一次位置，同时翻动肉干，约烘7 h左右，肉干变硬即可取出，放在通风处晾透即为成品。

4. 质量标准

产品呈褐色，肉丁大小均匀，质地干爽而不柴，软硬适度，无膻味，香甜鲜美，略带辣味。

（三）麻辣猪肉干

麻辣猪肉干，其味特殊且佳，为佐酒助餐食品。

1. 工艺流程

原料选择与整理→煮制→油炸→成品。

2. 原料辅料

猪瘦肉50 kg，食盐750 g，白酒250 g，白糖0.75～1 kg，酱油2 kg，味精50 g，花椒面150 g，辣椒面1～1.25 kg，五香粉50 g，大葱500 g，鲜姜250 g，芝麻面150 g，芝麻油500 g，植物油适量。

3. 加工工艺

① 原料选择与整理。选用经过卫生检验合格的新鲜猪前、后腿的瘦肉，去除皮、骨、脂肪和筋膜等，冲洗干净后切成0.5 kg左右的肉块。

② 煮制。将大葱挽成结，姜拍碎，把肉块与葱、姜一起放入清水锅中煮制1 h左右出锅摊凉，顺肉块的肌纤维切成长约5 cm，宽高均1 cm的肉条，然后加入食盐、白酒、五香粉、酱油1.5 kg，拌和均匀，放置30～60 min使之入味。

③ 油炸。将植物油倒入锅内，使用量以能淹浸肉条为原则，将油加热到 140℃左右，把已入味的肉条倒入锅内油炸，不停地翻动，等水响声过后，发出油炸干响声时，即用漏勺把肉条捞出锅，待热气散发后，将白糖、味精和余下的酱油搅拌均匀后倒入肉条中拌和均匀，晾凉。取炸肉条后的熟植物油 2 kg，加入辣椒面拌成辣椒油，再依次把熟辣椒油、花椒面、芝麻油、芝麻面等放入凉后的肉条中，拌和均匀即为成品。

4. 质量标准

产品呈红褐色，为条状，味麻辣，干且香。

二、肉松加工

肉松是将肉煮烂，再经过炒制，揉搓而成的一种入口即化，易于贮藏的脱水制品。由于所用的原料不同，有猪肉松、牛肉松、鸡肉松及鱼肉松等。按其成品形态不同，可分为肉绒和油松两类，肉绒成品金黄或淡黄，细软蓬松如棉絮；油松成品呈团粒状，色泽红润，它们的加工区方法有异同。我国有名的传统产品是太仓肉松和福建肉松等。

（一）太仓肉松

太仓肉松是江苏省的著名产品，创始于江苏省太仓县。历史悠久，闻名中外，曾于 1935 年在巴拿马国际展览会上获奖。

1. 工艺流程

原料选择和整理→煮制→炒制→成品。

2. 原料辅料

猪瘦肉 50 kg，食盐 1.5 kg，黄酒 1 kg，酱油 17.5 kg，白糖 1 kg，味精 100～200 g，鲜姜 500 g，八角 250 g。

3. 加工工艺

① 原料选择和整理。选用新鲜猪后腿瘦肉为原料。剔去骨、皮、脂肪、筋膜及各种结缔组织等，切成拳头大的肉块。

② 煮制。将瘦肉块放入清水（水浸过肉面）锅内预煮，不断翻动，使肉受热均匀，并撇去上浮的油沫。约煮 4 h 时，稍加压力，肉纤维可自行分离，便加入全部辅料再继续煮制，直到汤煮干为止。

③ 炒制。取出生姜和香辛料，采用小火，用锅铲一边压散肉块，一边翻炒，勤炒勤翻，操作要轻并且均匀，当肉块全部炒松散和炒干时，颜色由灰棕色变为金黄色的纤维疏松状即为成品。

4. 质量标准

成品色泽金黄，有光泽，呈丝绒状，纤维洁纯疏松，鲜香可口，无杂质，无焦现象。水分含量≤20%，油分 8%～9%。

（二）福建肉松

福建肉松为福建著名传统产品，创始者是福州市人，据传在清代已有生产，历史悠久。福建肉松的加工方法与太仓肉松的加工方法基本相同，只是在配料上有区别，另外加工方法上增加油炒工序，制成颗粒状，产品因含油量高而不耐贮藏。

1. 工艺流程

原料选择与整理→煮肉炒松→油酥→成品。

2. 原料辅料

猪瘦肉 50 kg，白糖 5 kg，白酱油 3 kg，黄酒 1 kg，味精 75 g，猪油 7.5 kg，面粉 4 kg，桂皮 100 g，鲜姜 500 g，大葱 500 g，红曲适量。

3. 加工工艺

① 原料选择与整理。选用新鲜猪后腿精瘦肉，剔除肉中的筋腱、脂肪及骨等，顺肌纤维切成 0.1 kg 左右的肉块，用清水洗净并沥干水。

② 煮肉炒松。将洗净的肉块投入锅内，并放入桂皮、鲜姜、大葱等香料，加入清水进行煮制，不断翻动，舀出浮油。当煮至用铁铲稍压即可使肉块纤维散开时，再加入红曲、白糖、白酱油等。根据肉质情况决定煮制时间，一般需煮 4～6 h，待锅内肉汤收干后出锅，放入容器晾透。然后把肉块放在另一锅内进行炒制，用小火慢炒，让水分慢慢地蒸发，炒到肉纤维不成团时，再改用小火烘烤，即成肉松坯。

③ 油酥。在炒好的肉松坯中加入黄酒、味精、面粉等，等搅拌均匀后，再放到小锅中用小火烘焙，随时翻动，待大部分松坯都成为酥脆的粒状时，用筛子把小颗粒筛出，剩下的大颗粒松坯倒入加热到 200℃左右的猪油中，不断搅拌，使松坯与猪油均匀结成球形圆粒，即为成品。熟猪油加入量一般为肉坯重的 40%～60%，夏季少些，冬季可多些。

4. 质量标准

成品呈红褐色，颗粒状，大小均匀，油润酥软，味美香甜，香气浓郁，不含硬粒，无异味。

（三）鸡肉松

鸡肉松是用鸡肉为原料加工制成的肉松制品，其营养丰富，味清香，是群众较喜欢的一种干制品。

1. 工艺流程

原料选择与整理→烧煮→炒松→擦松→成品。

2. 原料辅料

带骨鸡肉 50 kg，食盐 1.25 kg，白糖 2.2 kg，黄酒 250 g，鲜姜 250 g。

3. 加工工艺

① 原料选择与整理。选择健康肥嫩活鸡作为加工原料。将鸡宰杀、去毛、去头、脚和内脏，洗净鸡体。

② 烧煮。把鸡体放入锅内，加入适量的水和生姜，先用大火煮沸，撇去水面浮物，后改用小火煮 3 h 左右，煮制过程需不断上下翻动。然后捞出拆骨、去皮，取出鸡肉块并压散，再放入经过滤的原汤中，加入其他辅料，继续煮 3 h，边煮边撇净油质，否则，制成的鸡松不能久存。当煮至快干锅时，端锅离火。

③ 炒松。将煮好的鸡肉放入洁净的锅内用微火炒 1～2 h，不停地用铲子翻炒，并将肉块压散，干度适宜时便可取出。

④ 擦松。炒好的肉料放在盘内用擦松板揉搓，搓时用力要适度，当肉丝擦成蓬松的纤维状即为成品。

4. 质量标准

成品色白微黄，纤维细长柔软，有弹性，甜咸适度。

（四）肉松的国家卫生标准《食品安全国家标准　熟肉制品》(GB 2726—2016)

1. 感官指标

感官指标见表 10-1。

表 10-1　肉松的感官指标

项　目	指　标	
	太仓式肉松	福建式肉松
色　泽	浅黄色、浅黄褐色或深黄	黄色、红褐色
气　味	具有肉松固有的香味，无焦臭味、无哈喇等异味	
滋　味	咸甜适口，无油涩味	
形　态	绒絮状，无杂质、焦斑和霉斑	微粒状或稍带绒絮，无杂质、焦斑和霉斑

2. 理化指标

理化指标见表 10-2。

表 10-2 肉松的理化指标

项目	指标	
	太仓式肉松	福建式肉松
水分/%	≤20	≤8
食品添加剂	按 GB 2760 规定	

3. 微生物指标

微生物指标见表 10-3。

表 10-3 肉松的微生物指标

项目	指标
细菌总数/（个/g）	≤30 000
大肠菌群/（个/100 g）	≤40
致病菌	不得检出

注：致病菌系指肠道致病菌及致病性球菌。

三、肉脯加工

肉脯是烘干的肌肉薄片，与肉干的加工不同之处在于不经过煮制。我国已有 50 多年制作肉脯的历史，全国各地均有生产，加工方法稍有差异，但成品一般均为长方形薄片，厚薄均匀，为酱红色，干爽香脆。

（一）靖江猪肉脯

靖江猪肉脯是江苏靖江著名的风味特产，以“双鱼牌”猪肉脯质量最优，该制品在国内外颇具盛名，曾获国家金质奖。

1. 工艺流程

原料选择与整理→冷冻→切片、拌料→烘干→烤熟→成品。

2. 原料辅料

猪瘦肉 50 kg，白糖 6.75 kg，酱油 4.25 kg，味精 250 g，胡椒粉 50 g，鲜鸡蛋 1.5 kg。

3. 加工工艺

① 原料选择与整理。选用新鲜猪后腿瘦肉为原料。剔除骨头，修净肥膘、筋膜及碎肉，顺肌肉纤维方向分割成大块肉，用温水洗去油腻杂质，沥干水分。

② 冷冻。将沥干水的肉块送入冷库速冻至肉中心温度达到−2℃即可出库。冷冻目的是便于切片。

③ 切片、拌料。把经过冷冻后的肉块装入切肉片机内切成 2 mm 厚的薄片。将辅料混合溶解后，加入肉片中，充分拌匀。

④ 烘干。把入味的肉片平摊于特制的筛筐上或其他容器内（不要上下堆叠），然后送入 65℃的烘房内烘烤 5～6 h，经自然冷却后出筛即为半成品。

⑤ 烤熟。将半成品放入 200～250℃的烤炉内烤至出油，呈棕红色即可。烤熟后用压平机压平，再切成 12 cm×8 cm 规格的片形即为成品。

4. 质量标准

成品颜色棕红透亮，呈薄片状，片形完整，厚薄均匀，规格一致，香脆适口，味道鲜美，咸甜适中。

（二）牛肉脯

牛肉脯以牛肉作为原料，其制作考究，质量上乘，全国各地均有制作，但辅料和加工方法略有不同。

1. 工艺流程

原料选择与整理→冷冻→切片、解冻→调味→铺盘→烘干→切形→焙烤→成品。

2. 原料辅料

牛肉 20 kg，食盐 100 g，酱油 400 g，白糖 1.2 kg，味精 200 g，八角 20 g，姜末 10 g，辣椒粉 80 g，山梨酸 10 g，抗坏血酸的钠盐 10 g。

3. 加工工艺

① 原料选择与整理。挑选不带脂肪、筋膜的合格牛肉，以后腿肌肉为好。把牛肉切成约 25 cm 见方的肉块。

② 冷冻。将整理后的腿肉放入冷冻室或冷冻柜中冷冻，冷冻温度在−10℃左右，冷冻时间 24 h，肉的中心温度达到−5℃时为最佳。

③ 切片、解冻。将冷冻的牛肉放入切片机或进行人工切片，厚度一般控制在 1～1.5 mm，切片时必须顺着牛肉的纤维切。然后把冻肉片放入解冻间解冻，注意不能用水冲洗肉片。

④ 调味。将辅料与解冻后的肉片混合并搅拌均匀，使肉片中盐溶蛋白溶出。

⑤ 铺盘。一般为手工操作。先用食用油将竹盘刷一遍，然后将调味后的肉片

铺平在竹盘上，肉片与肉片之间由溶出的蛋白胶相互黏住，但肉片之间不要重叠。

⑥ 烘干。将铺平在竹盘上的已连成一大张的肉片放入 55～60℃的烘房内烘干，时间需 2～3 h。烘干至含水量为 25%为佳。

⑦ 切形。烘干后的牛肉片是一大张，把大张牛肉片从竹盘上揭起，切成 6～8 cm 的正方形或其他形状。

⑧ 焙烤。把切形后的牛肉片送入 200～250℃的烤炉中烤制 6～8 min，烤熟即为成品，不得烤焦。

4. 质量标准

成品为红褐色，有光泽，呈片状，形状整齐，厚薄均匀；甜咸适中，无异味，肉质松脆，味道清香。

（三）美味禽肉脯

美味禽肉脯是以禽类的胸部和腿部肌肉作为加工的主要原料而制作的风味独特的肉脯制品，全国各地均有加工。

1. 工艺流程

选料与整理→斩拌→摊盘→烤制→压平、切块→成品。

2. 原料辅料

禽瘦肉 50 kg，白糖 6.5～7.5 kg，鱼露 4 kg，白酒 250 g，味精 250 g，鸡蛋 1.5 kg，白胡椒粉 100 g，红曲米适量。

3. 加工工艺

① 选料与整理。选用健康家禽的胸部和腿部肌肉。将选好的原料拆骨，去除皮、皮下脂肪和筋膜等，洗净后切成小肉块。

② 斩拌。将小肉块倒入斩拌机内进行剁制、斩碎，约 5～8 min，边斩拌边加入各种辅料，并加入适量的冷水调和。斩拌结束后，静置 20 min，让调味料充分渗入肉中。

③ 摊盘。将烤制用的筛盘先刷一遍油，然后将斩拌后的肉泥摊在筛盘上，厚度为 2 mm 左右，厚薄均匀一致。

④ 烤制。把肉料连同筛盘放进 65～70℃的烘房中烘 4～5 h，取出自然冷却。再放进 200～250℃的烤炉中烤制 1～2 min，至肉片收缩出油即可。

⑤ 压平、切块。用压平机将烤制表好的肉片压平，切成 8×12 cm 的长方块，即为成品。

4. 质量标准

成品色泽棕红，肉质松脆，美味可口，香味浓郁。

(四)肉干、肉脯的国家卫生标准《食品安全国家标准　熟肉制品》(GB 2726—2016)

1. 感官指标

具有特有的色、香、味、形，无焦臭、哈喇等异味，无杂质。

2. 理化指标

理化指标应符合表 10-4 的规定。

表 10-4　肉干、肉脯理化指标

项　目	指　标	
	肉　干	肉　脯
水/%	≤20	≤22
食品添加剂	按 GB 2760 执行	

3. 微生物指标

微生物指标应符合表 10-5 的规定。

表 10-5　肉干、肉脯微生物指标

项　目	指　标
细菌总数/（个/g）	≤10 000
大肠菌群/（个/100 g）	≤30
致病菌	不得检出

注：致病菌指肠道致病菌及致病性球菌。

【复习思考题】

1. 试述干制的方法及原理。
2. 肉干、肉松和肉脯在加工工艺上有何显著不同？
3. 肉松和油松的同异主要表现在哪几方面？

模块十一　肉类罐头加工

罐头食品就是将食品密封在容器中，经高温处理，使绝大部分微生物消灭掉，同时在防止外界微生物再次侵入的条件下，借以获得在室温下长期贮藏的保藏方法。凡用密封容器包装并经高温杀菌的食品称为罐头食品。1795 年，法国人古拉斯•阿培尔经过 10 年的研究，发明了一种热加工保藏食品的方法，当时称为阿培尔加工法。方法是将食品放入用粗麻布包裹的玻璃瓶中，瓶口敞开着，以便装满食物的玻璃瓶在沸水浴中加热时瓶里的空气可以跑出来。加热一段时间之后，阿培尔用涂了蜡的软木塞将瓶口堵住，并密封以后，在室温下放置了 2 个月。后来，英国人杜兰德也进行了类似的实验，不过他采用的是顶上开有小孔的马口铁罐。他将食物加热之后使用锡将小孔焊合，并将之放置起来，看它是否稳定。他于 1810 年获得了使用马口铁罐的专利。1820 年至 1880 年，有人发现往煮罐头的沸水中加一些食盐，可以使水的沸点由 100℃提高到 115℃，这就减少了杀菌时间，于是就设计出高压锅，可以达到同样的目的。今天罐头工业使用的高压锅可以将食品的加热温度提高到 110～138℃。

罐头工业从手工业生产发展成为现代化工业，经历了近 200 年历史，从 1811 年生产玻璃罐头开始，到 1823 年开始生产马口铁罐头食品的手工业生产，每人每日最多生产 100 罐。1852 年制成了高压灭菌锅及测量和调节用仪表，1880 年制成封罐机，日产量达 1 500 罐，1885 年罐头容器工业（马口铁罐）和罐头食品工业分开，1930 年制自动封罐机，每分钟产量为 300 罐。19 世纪末期和 20 世纪初期，罐头食品生产的机器设备又有了新的发展，从容器消毒、原料处理以及食品的装罐、排气、密封和杀菌等一系列生产过程，由机器代替了繁重的人工操作。以后由于物理学和化学的发展，特别是传热学和生物学的发展，使食品的风味和营养不至受到过大损失。而近代物理学、机械学、电工学的发展，又促进了罐头食品生产技术的改革，提供了许多新工艺、新技术和新设备，使生产方式从机械化进入自动化，大大丰富了本学科的内容。

任务一　肉类罐头的种类和加工工艺

一、罐头的种类

根据加工及调味方法不同，肉类罐头可分为以下几类：

1. 清蒸类罐头

原料经初步加工后，不经烹调而直接装罐制成的罐头。它的特点是最大限度地保持各种肉类的特有风味。如原汁猪肉、清蒸牛肉、白切鸡等罐头。

2. 调味类罐头

原料肉经过整理、预煮或油炸、烹调后装罐，加入调味汁液而制成的罐头。这类罐头按烹调方法及加入汁液的不同，可分为红烧、五香、豉汁、浓汁、咖喱、茄汁等类别。它的特点是具有原料和配料特有的风味和香味，色泽较一致，块形整齐。如红烧扣肉、咖喱牛肉、茄汁兔肉罐头等。调味类罐头是肉类罐头品种中数量最多的一种。

3. 腌制类罐头

将原料肉整理，用食盐、硝酸盐、白糖等辅料配制而成的混合盐进行腌制后，再经过加工制成的罐头。这类产品具有鲜艳的红色和较高的保水性，如午餐肉、咸牛肉、猪肉火腿等。

4. 烟熏类罐头

处理后的原料经腌制、烟熏后制成的罐头。有鲜明的烟熏味，如西式火腿、烟熏肋条等。

5. 香肠类罐头

肉腌制后再加入各种辅料，经斩拌制成肉糜，然后装入肠衣，经烟熏、预煮再装罐制成的罐头。

6. 内脏类罐头

将猪、牛、羊的内脏及副产品，经处理调味或腌制加工后制成的罐头即为内脏类罐头。如猪舌、牛舌、猪肝酱、牛尾汤、卤猪杂等罐头。

二、罐头容器的选用和处理

（一）听装罐头

听装罐头是采用金属罐为容器进行装罐和包装的罐头。金属罐中目前最常用的材料是镀锡薄钢板以及涂料铁等，其次是铝材以及镀铬薄钢板等。

1. 镀锡薄钢板

镀锡薄钢板是一种具有一定金属延伸性、表面经过镀锡处理的低碳薄钢板。镀锡板是它的简称，俗称马口铁。现在用于制罐的镀锡板都是电镀锡板，即由电镀工艺镀以锡层的镀锡板。它与过去用热浸工艺镀锡的热浸镀锡板相比，具有镀锡均匀，耗锡量低，质量稳定，生产率高等优点。镀锡板由钢基、锡铁合金层、锡层、氧化膜和油膜等构成。

2. 涂料铁

用镀锡板罐作食品罐头时，有些食品容易与镀锡板发生作用，引起镀锡板腐蚀，这种腐蚀主要是电化学腐蚀。其次是化学性腐蚀，在这种情况下，单凭镀锡板的镀锡层显然不能保护钢基，这就需在镀锡板表面设法覆盖一层安全可靠的保护膜，使罐头内容物与罐壁的镀锡层隔绝开。还可采取罐头内壁涂料的方法，即在镀锡板用于内壁的一面涂印防腐耐蚀涂料，并加以干燥成膜。对于铝制罐和镀铬板罐，为了提高耐蚀性，内壁均需要涂料。

随着国际市场上锡资源的短缺，锡价猛涨，镀锡板的生产转向低镀锡量，但是镀锡量低往往不能有效地抵制腐蚀，这就要求助于罐内涂料的办法来提高耐蚀性。此外，目前有的国家对食品内重金属含量制定了法规，为了商品贸易的需要，罐头内壁加以涂料势在必行。

3. 镀铬薄板

镀铬薄钢板是表面镀铬和铬的氧化物的低碳薄钢板。镀铬板是20世纪60年代初为减少用锡而发展的一种镀锡板代用材料。镀铬板耐腐蚀性较差，焊接困难，现主要用于腐蚀性较小的啤酒罐、饮料罐以及食品罐的底、盖等，接缝采用熔接法和黏合法接合，它不能使用焊锡法。镀铬板需经内外涂料使用，涂料后的镀铬板，其涂膜附着力特别优良，宜用于制造底盖和冲拔罐，但它封口时封口线边缝容易生锈。

4. 铝合金薄板

它为铝镁、铝锰等合金经铸造、热轧、冷轧、退火等工序制成的薄板。其优点为轻便、美观、不生锈。用于鱼类和肉类罐头，无硫化铁和硫化斑，用于啤酒罐头无发浑和风味变化等现象。缺点为焊接困难，对酸和盐耐蚀性较差，所以需涂料后使用。

5. 焊料及助焊剂

目前使用的金属罐容器中，使用量最大的是镀锡板的三片接缝罐。三片罐身接缝必须经过焊接（或黏接），才能保证容器的密封。焊接工艺中现在基本上采用电阻焊。

6．罐头密封胶

罐头密封胶固化成膜作为罐藏容器的密封填料，填充于罐底盖和罐身卷边接缝中间，当经过卷边封口作业后，由于其胶膜和二重卷边的压紧作用将罐底盖和罐身紧密结合起来。它对于保证罐藏容器的密封性能，防止外界微生物和空气的侵入，使罐藏食品得以长期贮藏而不变质是很重要的。

罐头密封胶除了能起密封作用外，必须适合罐头生产上一系列机械的、化学的和物理的工艺处理要求，同时还必须具备其他一系列特殊条件。具体要求如下：

（1）要求无毒无害，胶膜不能含有对人体有害的物质；

（2）要求不含有杂质，并应具有良好的可塑性，便于填满罐底盖与罐身卷边接缝间的孔隙，从而保证罐头的密封性能；

（3）与板材结合应具有良好的附着力及耐磨性能；

（4）胶膜应有良好的抗热、抗水、抗油及抗氧化等耐腐蚀性能。

作为罐藏容器的密封填料，除了某些玻璃罐的金属盖上使用塑料溶胶制品外，基本上均使用橡胶制品。目前就我国来说，密封胶几乎全部采用天然橡胶，而不用合成橡胶，因为我国在合成橡胶的制造上和选用上还有困难。但在国际上则以采用合成橡胶为主，因其性能易于控制，使用方便。

（二）玻璃瓶罐头

玻璃瓶罐头是采用玻璃瓶罐为容器进行装罐和包装的罐头。玻璃罐（瓶）是以玻璃作为材料制成，玻璃为石英砂（硅酸）和碱即中性硅酸盐熔化后在缓慢冷却中形成的非晶态固化无机物质。玻璃的特点是透明、质硬而脆、极易破碎。使用玻璃罐用于包装食品既有优点，也有许多缺点。其优点为：①玻璃的化学稳定性较好，和一般食品不发生反应，能保持食品原有风味，而且清洁卫生；②玻璃透明，便于消费者观察内装食品，以供选择；③玻璃罐可多次重复使用，甚为经济。

玻璃罐存在的缺点为：①机械性能很差，易破碎，耐冷、热变化的性能也差，温差超过 60℃时容易发生破裂。加热或冷却时温度变化必须缓慢、均匀地上升或下降，在冷却中比加热时更易出现破裂问题；②导热性差，玻璃的热导率为铁的 1/60，铜的 1/1 000。它的比热容较大，0～100℃时为 0.722 kJ/（kg·℃），为铁皮的 1.5 倍。因此，杀菌冷却后玻璃罐所装食品的质量比铁罐差；③玻璃罐比同样体积的铁罐重 4～4.5 倍，因而它所需的运输费用较大，故玻璃罐在罐头食品中的应用受到一定的限制。

（三）软罐头

软罐头是指高压杀菌复合塑料薄膜袋装罐头，是用复合塑料薄膜袋装置食品，并经杀菌后能长期贮藏的袋装食品叫做软罐头。它质量轻，体积小，开启方便，耐贮藏，可供旅游、航行、登山等需要。国外目前已大量投入生产，代替了一部分镀锡薄板或涂料铁容器，以后还将有更大的发展。

1. 复合薄膜的构成

这种复合塑料薄膜通常采用三种基材黏合在一起。外层是 12 pm 左右的聚醋，起到加固及耐高温的作用。中层为 9 μm 左右的铝箔，具有良好的避光、阻气、防水性能。内层为 70 μm 左右的聚烯烃（改性聚乙烯或聚丙烯），符合食品卫生要求，并能热封。

由于软罐头采用的复合薄膜较薄，因此杀菌时达到食品要求的温度时间短，可使食品保持原有的色、香、味；携带食用方便；由于使用铝箔，外观具有金属光泽，印刷后可增加美观。但目前缺乏高速灌装热封的机械设备，生产效率低，一般为 30～60 袋/min。

2. 软罐头的特点

目前软罐头之所以发展很快，是由于软罐头具有以下优点：①能进行超高温 135℃杀菌，实现高温短时间杀菌；②不透气及水蒸气，内容物几乎不发生化学作用，能较长期地保持内容物的质量；③袋薄，接触面积大，传热性好，它可以缩短加热时间；④密封性好，不透水、氧、光；⑤食用方便，容易开启，包装美观。

三、肉类罐头的加工工艺

（一）原料选择与预处理

1. 原料选择

原料应选用符合卫生标准的鲜肉或冷冻肉。

2. 原料预处理

畜肉的预处理包括洗涤、剔骨、去皮（或不去骨皮）、去淋巴及切除不宜加工的部分。

原料剔骨前应用清水洗涤，除尽表面污物，然后分段。猪半胴体分为前、后腿及肋条三段；牛半胴体沿第 13 根肋骨处横截成前腿和后腿两段；羊肉一般不分段，通常为整片或整只剔骨。分段后的肉分别剔除脊椎骨、肋骨、腿骨及全部硬骨和软骨，剔骨时应注意肉的完整，避免碎肉及碎骨渣。若要留料，如排骨、圆蹄、扣肉等原料，则在剔骨前或后按部位选取切下留存。去皮时刀面贴皮进刀，要求皮上不带肥肉，肉上不带皮，然后按原料规格及要求割除全部淋巴、筋腱、大血管和病灶等，并除净表面油污、毛及其他杂质。

禽则先逐只将毛拔干净，然后切去头，颈可留 7～9 cm 长，割除翅尖、两爪，除去内脏及肛门等。去骨家禽拆骨时，将整只家禽用小刀割断颈皮，然后将胸肉划开，拆开胸骨，割断腿骨筋，再将整块肉从颈沿背部往后拆下，注意不要把肉拆碎和防止骨头拆断，最后拆去腿骨。

（二）原料的预煮和油炸

肉罐头的原料经预处理后，按各产品加工要求，有的要腌制，有的要预煮和油炸。预煮和油炸是调味类罐头加工的主要环节。

1. 预煮

预煮前按制品的要求，切成大小不等的块形。预煮时一般将原料投入沸水中煮制 20～40 min，要求达到原料中心无血水为止。加水量以淹没肉块为准，一般为肉重的 1.5 倍。经预煮的原料，其蛋白质受热后逐渐凝固，肌浆中蛋白质发生不可逆的变化成为不溶性物质。随着蛋白质的凝固，亲水的胶体体系遭到破坏则失去持水能力而发生脱水作用。由于蛋白质的凝固，肌肉组织紧密变硬，便于切块。同时，肌肉脱水后对成品的固形物量提供了保证。此外，预煮处理能杀灭肌肉上的部分微生物，有助于提高杀菌效果。

2. 油炸

原料肉预煮后，即可油炸。经过油炸产品脱水上色，增加产品风味，油炸后肉类失重 28%～38%。油炸方法一般采用开口锅放入植物油加热，然后根据锅的容量将原料分批放入锅内进行油炸，油炸温度为 160～180℃。油炸时间根据原料的组织密度、形状、肉块的大小、油温和成品质量要求等而有所不同，一般为 3～10 min。大部分产品在油炸前都要求涂上稀糖色液，经油炸后，其表面呈金黄色或酱红色。

（三）装罐

原料肉经预煮和油炸后，要迅速装罐密封。原汁、清蒸类以及生装产品，主要是控制好肥瘦、部位搭配、汤汁或猪皮粒的加量，以保证固形物的含量达到要求。装罐时，要保证规定的重量和块数。装罐前食品须经过定量后再装罐，定量必须准确，同时还必须留有适当的顶隙，顶隙的大小直接影响着罐头食品的容量、真空度的高低和杀菌后罐头的变形。顶隙一般的标准为 6.4～9.6 mm。还要保持内容物和罐口的清洁，严防混入异物，并注意排列上的整齐美观。

目前，装罐多用自动或半自动式装罐机，速度快、称量准确、节省人力，但小规模生产和某些特殊品种仍需用人工装罐。

（四）排气与封罐

1. 排气

排气是指罐头在密封前或密封，将罐内部分空气排除掉，使罐内产生部分真空状态的措施。

（1）排气的作用。排气的作用是防止杀菌时及贮藏期间内容物氧化，避免香味及营养的损失；减少罐内压力，加热杀菌时不致发生大压力使罐头膨胀或影响罐缝的严密度，便于长期贮存。

（2）排气的方法。排气方法有加热排气和机械排气两种。加热排气是把装好食品的罐头，借助蒸汽排气，罐头厂广泛采用链带式或齿盘式排气箱。链带式排气箱由机架、箱体、箱盖、方框输罐链、蒸汽喷管、四级变速箱所组成。装罐后，从一端进入排气箱，箱底两侧的蒸汽喷射管，由阀门调节喷出蒸汽，达到预定的温度时开始排气，然后由链带输送到一端封口。排气温度和时间，可由阀门和变速箱调节。链带式排气箱结构简单，造价低廉，适用于多种罐型。机械排气在大规模生产罐头时都使用真空封罐机，抽真空与封罐同时在密闭状态下进行。抽真空采用水杯式真空泵，封罐后真空度为 46.65～59.99 kPa。

2. 封罐

封罐就是排气后的罐头用封口机将罐头密封住，使其形成真空状态，以达到长期贮存期间，脚踏固定，扳动手柄密封。一般用于 500 ml 玻璃罐的密封，生产能力 20～30 罐/min，只用于小型生产。半自动封罐机，人工加盖，把罐头放在机体托底板上密封。封罐所用的机械称为封罐机。根据各种产品的要求，选择不同的封罐机，按构造和性能可分为手扳封罐机、半自动封罐机、自动封罐机和真空封罐机。手扳封罐机结构简单，由机身、传动装置、旋转压头、封口辊轮、托底板及轴、按压手柄、脚踏板等组成。将罐头置于旋转压头与托封 40 罐。自动封罐机，封罐速度快，密封性能好，但结构较复杂，要有较熟练技术方能操作。

（五）杀菌

1. 杀菌的意义

罐头杀菌的目的是杀死食品中所污染的致病菌、产毒菌、腐败菌，并破坏食物中的酶，使食品贮藏一定时间而不变质。在杀菌的同时，又要求较好地保持食品的形态、色泽、风味和营养价值。

2. 杀菌的方法

肉类罐头属于低酸性食品，常采用加压蒸汽杀菌法，杀菌温度控制在 112～121℃。杀菌过程可划分为升温、恒温、降温三个阶段，其中包括温度、时间、反压三个主要因素；不同罐头制品杀菌工艺条件不同，湿度、时间和反压控制不一样。

杀菌规程用下列杀菌式表示：

$$\frac{t_1-t_2-t_3}{t_0}$$

式中：t_1——使杀菌锅内温度和压力升高到杀菌温度需要的时间，min；

t_2——杀菌锅内应保持恒定的杀菌温度的时间，min；

t_3——杀菌完毕使杀菌锅内温度降低和使压力降至常压所需的时间，min；

t_0——规定的杀菌温度，℃。

杀菌式的数据是根据罐内可能污染细菌的耐热性和罐头的传热特性值经过计算后，再通过空罐实验确定的。正确的杀菌工艺条件应恰好能将罐内细菌全部杀死和使酶钝化，保证贮藏安全，同时又能保证食品原有的品质不发生大的变化。

目前，我国大部分工厂均采用静置间歇的立式或卧式杀菌锅，罐头在锅内静止不动，始终固定在某一位置，通入一定压力的蒸汽，排除锅内空气及冷凝水后，使杀菌器内的温度升至 112～121℃进行杀菌。为提高杀菌效果，现常采用旋转搅拌式灭菌器。这种方法改变了过去罐头在灭菌器内静置的方式，加快罐内中心温度上升，杀菌温度也提高到 121～127℃，缩短了杀菌时间。

罐头经高温高压杀菌处理，由于罐内食品和气体的膨胀，水分汽化等原因，罐内会产生很大的压力，因而罐头在杀菌过程中，有时发现罐头变形、突角、瘪罐等。特别是一些大而扁的罐形，更易产生这种现象。除杀菌过程中采用空气加压或水浴加压防止外，杀菌后的降压和降温过程中，采用反压降温冷却，是十分重要的措施。

反压冷却操作：杀菌完毕在降温降压前，首先关闭一切泄气旋塞，打开压缩空气阀，使杀菌锅内保持稍高于杀菌压力，关闭蒸气阀，再缓慢地打开冷却水阀。当冷却水进锅时，必须继续补充压缩空气，维持锅内压力较杀菌压力高 0.21～0.28 kg/cm^2。随着冷却水的注入，锅内压力逐步上升，这时应稍打开排气阀。当锅内冷却水快满时，根据不同产品维持一段反压时间，并继续打入冷却水至锅内水注满时，打开排水阀，适当调节冷却水阀和排水阀，继续保持一定的压力至罐头冷却到 38～40℃时，关闭进水阀，排出锅内的冷却水，在压力表降至零度时，打开锅盖取出罐头。

（六）冷却

罐头杀菌后，罐内食品仍保持很高的温度，所以为了消除多余的加热作用，避免食品过烂和维生素的损失及制品色、香、味的恶化，应该立即进行冷却。杀菌后冷却速度越快，对于食品的质量影响越小，但要保持容器在这种温度变异中不会受到物理破坏。

冷却的方法，按冷却时的位置，可分为锅内冷却和锅外冷却；按冷媒介质，可分为水冷却和空气冷却。空气冷却速度极其缓慢，除特殊要求很少应用。水冷却法是肉类罐头生产中使用最普遍的方法，其又分为喷水冷却和浸水冷却，喷冷方式较好。对于玻璃罐或扁平面体积大的罐型，宜采用反压冷却，可防止容器变形或跳盖爆破，特别是玻璃罐。冷却速度不能过快，一般用热水或温水分段冷却（每次温差不超过 25℃），最后用冷水冷却。冷却必须充分，如未冷却立即入库，产品色泽变深，影响风味。肉罐头冷却到 39～40℃时，即可认为完成冷却工序，这时利用罐体散发的余热将罐外附着的少量水分自然蒸发掉，可防止生锈。

（七）检验与贮藏

罐头在杀菌冷却后，必须经过成品检查以便确定成品的质量和等级。目前我国规定肉类罐头要进行保温检查，其温度为 55℃，保温 7 昼夜。如果杀菌不充分或其他原因有细菌残留在罐内时，一遇适当温度，就会繁殖起来，使罐头变质。在保温终了，全部罐头进行一次检查。检查罐头密封结构状况，罐头底盖状态；用打检棒敲击声音判断质量，最后将正常罐与不良罐分开处理。

罐头经检验合格后，在出厂前，一般还要涂擦、粘贴商标和装箱。罐头贮藏的适宜温度为 0～10℃，不能高于 30℃，也不要低于 0℃。贮藏间相对湿度应在 75%左右，并避免与吸湿的或易腐败的物质放在一起，防止罐头生锈。

任务二 肉类罐头加工

一、原汁猪肉罐头

原汁猪肉罐头最大限度地保持原料肉特有的色泽和风味，产品清淡，食之不腻，深受群众喜爱。

（一）工艺流程

原料肉的处理→切块→制猪皮粒→拌料→装罐→排气和密封→杀菌和冷却→成品。

（二）原料辅料

猪肉 100 kg，食盐 0.85 kg，白胡椒粉 0.05 kg，猪皮粒 4～5 kg。

（三）加工工艺

（1）原料肉的处理。除去毛污、皮，剔去骨，控制肥膘厚度在 1～1.5 cm，保持肋条肉和腿部肉块的完整，除去颈部刀口肉、奶脯肉及粗筋腱等组织。将前腿肉、肋条肉、后腿肉分开放置。

（2）切块。将猪肉切成 3.5～5 cm 小方块，大小要均匀，每块重 50～70 g。

（3）制猪皮粒。取新鲜的猪背部皮，清洗干净后，用刀刮去皮下脂肪及皮面污垢，然后切成 5～7 cm 宽的长条，放在−5～−2℃条件下冻结 2 h，取出用绞肉机绞碎，绞板孔 2～3 mm，绞碎后置冷库中备用。这种猪皮粒装罐后可完全溶化。

（4）拌料。对不同部位的肉分别与辅料拌匀，以便装罐搭配。

（5）装罐。内径 99 mm，外高 62 mm 的铁罐，装肥瘦搭配均匀的猪肉 5～7 块，约 360 g，猪皮粒 37 g。罐内肥肉和溶化油含量不要超过净重 30%，装好的罐均需过称，以保证符合规格标准和产品质量的一致。

（6）排气和密封。热力排气：中心温度不低于 65℃。抽气密封：真空度约 70.65 kPa。

（7）杀菌和冷却。密封后的罐头应尽快杀菌，停放时间一般不超过 40 min。

杀菌式为：$\dfrac{15'-60'-20'}{121℃}$ 或 $\dfrac{15'-70'-\text{反压冷却}\left(\text{反压}1.5\ \text{kg/cm}^2\right)}{121℃}$

杀菌后立即冷却至 40℃左右。

（四）原汁猪肉罐头的国家标准《原汁猪肉罐头》（GB/T 2787—2006）

1. 原辅材料

（1）猪肉：应符合 GB 9959.1 或 GB 9959.2 的要求。

（2）猪皮胶：采用新鲜或冷冻良好的猪皮，经熬制后呈半透明、浓度为 4%～6%的胶体，不得有异味及猪毛等杂质。

（3）白胡椒粒及白胡椒粉：应符合 GB 7900 的要求。黑胡椒粒：采用干燥、无霉变、香味浓郁的黑胡椒粒。

（4）食盐：应符合 GB 5461 的要求。

2. 感官要求

感官要求应符合表 11-1 的要求。

表 11-1　原汁猪肉罐头原料肉的感官要求

项　目	优　级　品	一　级　品	合　格　品
色　泽	肉色正常、在加热状态下，汤汁呈淡黄色至淡褐色，允许稍有沉淀	肉色较正常，在加热状态下，汤汁呈淡黄色至淡褐色，允许有少量沉淀	肉色尚正常，在加热状态下，汤汁呈淡褐色至褐色，允许有沉淀
滋味、气味	具有原汁猪肉罐头应有的滋味及气味，无异味		
组织形态	肉质软硬适度，每罐装 5～7 块，块形大小大致均匀，允许添称小块但不超过 2 块	肉质软硬较适度，每罐装 4～7 块，块形大小较均匀，允许添称小块但不超过 2 块	肉质软硬尚适度，块形大小尚均匀，允许有添称小块

3. 理化指标

（1）净重：应符合表 11-2 中有关净重的要求，每批产品平均净重应不低于标明重量。

（2）固形物：应符合表 11-2 中有关固形物含量的要求，每批产品平均固形物重应不低于规定重。优级品和一级品肥膘肉加溶化油的量平均不超过净重的 30%，合格品不超过 35%。

表 11-2　净重和固形物的要求

罐　号	净　重		固　形　物		
	标明重量/g	允许公差/%	含　量/%	规定重量/g	允许公差/%
962	397	±3.0	65	258	±9.0

（3）氯化钠含量：0.65%～1.2%。

（4）卫生指标：应符合 GB 13100 的要求。

4. 微生物指标

应符合罐头食品商业无菌要求。

5. 缺陷

样品的感官要求和物理指标如不符合技术要求，应记作缺陷，缺陷按表 11-3 分类。

表 11-3　样品缺陷分类

类别	缺　陷
严重缺陷	有明显异味 硫化铁明显污染内容物 有有害杂质，如碎玻璃、头发、外来昆虫、金属屑及长度大于 3 mm 已脱落的锡珠
一般缺陷	有一般杂质，如棉线、合成纤维丝、长度不大于 3 mm 已脱落的锡珠、猪毛 感官要求明显不符合技术要求、有数量限制的超标 固形物公差超过允许公差 净重负公差超过允许公差

二、红烧牛肉罐头

（一）工艺流程

原料选择及修整→预煮→配汤→装罐→排气及密封→杀菌及冷却→成品。

（二）原料辅料

牛肉 150 kg，骨汤 100 kg，食盐 4.23 kg，酱油 9.7 kg，白糖 12 kg，黄酒 12 kg，味精 240 g，琼脂 0.73 kg，桂皮 60 g，姜 120 g，八角 50 g，花椒 22 g，大葱 0.6 kg，植物油适量。

（三）加工工艺

（1）原料选择及修整。选去皮剔骨牛肉，除去淋巴结、大的筋腱及过多的脂肪，然后用清水洗净，切成 5 cm 宽的长条。

（2）预煮。将切好的肉条放入沸水中煮沸 15 min 左右，注意撇沫和翻锅，煮到肉中心稍带血色即可，捞出后，把肉条切成厚 1 cm、宽 3～4 cm 小的肉块。

（3）配汤。先将辅料中的香辛料与清水入锅同煮，煮沸约 30 min，然后舀出过滤即成香料水。把琼脂与骨汤一起加热，待琼脂全部溶化，再加入其他辅料和香料水，一起煮沸，临出锅时加入黄酒及味精，舀出过滤后即成装罐用汤汁。

（4）装罐。净重 312 g/罐，内装牛肉 190 g，汤汁 112 g，植物油 10 g。

（5）排气及密封。抽气密封，真空度 53.33 kPa 以上。

（6）杀菌及冷却。冷却至 40～45℃即可。

杀菌式为：

$$\frac{15'-90'-\text{反压冷却}(\text{反压}1-1.2\ \text{kg}/\text{cm}^2)}{121℃}$$

（四）质量标准

色泽：肉色呈酱红色或棕红色。

滋味和气味：具有红烧牛肉罐头应有的滋味和气味，无异味。

组织状态：肉质柔软，块形大小均匀，块厚 0.8～1.2 cm，长 3～5 cm，净重 312 g。

固形物：肉和油不低于净重的 60%。食盐含量 1.5%～2.5%。

三、烧鹅罐头

（一）工艺流程

原料选择及整理→预煮→上色、油炸→烧煮→装罐→真空密封→杀菌及冷却→成品。

（二）原料辅料

鹅坯肉 50 kg，食盐 0.6 kg，酱油 4 kg，黄酒 1 kg，白糖 2 kg，味精 50 g，焦糖 100 g，桂皮 30 g，生姜 125 g，葱 500 g，汤汁 20～25 kg。

（三）加工工艺

（1）原料选择及整理。选用健康的活鹅作原料。宰杀后放净血，烫毛、煺净毛，然后在腹下部开口除尽内脏，斩头留颈 5～10 cm。

（2）预煮。水沸后放鹅坯下锅煮沸 10 min 左右，至无血水为准，汤汁留下备烧煮时使用。

（3）上色、油炸。先调好上色液，调制方法：将酒精 50 g，焦糖 100 g，转化糖 200 g 混合均匀即可。转化糖制法：白糖 80 g，柠檬酸 0.9 g，清水 200 g，加热至 70℃，保持 20 min，冷却至常温。上色两遍，将预先制好的上色液均匀的擦抹在鹅坯上，第一遍稍干后再上第二遍。然后油炸，油温 160～180℃，时间 5～7 min，炸至鹅坯表面呈酱红色即可捞出。

（4）烧煮。将辅料中的葱、姜、桂皮先熬煮成香料液。然后把鹅坯从腹中线劈成两半，与除黄酒、味精之外的其他辅料同时放入锅中煮沸，约煮 15 min，出锅前倒入黄酒、味精搅拌均匀，出锅后的汤汁过滤后备装罐用。

（5）装罐。把鹅坯切成 6～7 cm 的小块。净重 397 g 装，放小块鹅肉 4～6 块，肉重 330～340 g，允许颈、翅各一块，加浮油 15～20 g，汤汁 60 g。

（6）真空密封。抽气密封，真空度 61.32～66.65 kPa。

（7）杀菌及冷却

$$\text{杀菌式为：}\frac{15'-80'-\text{反压冷却（压力为}1.5\text{kg/cm}^2\text{）}}{118℃}$$

冷却至 40℃左右即可。

（四）质量标准

色泽：肉色正常，为酱红色或褐色。

滋味和气味：具有烧鹅罐头应有的滋味及气味，无异味。

组织形态：肉质软硬适度，允许稍有脱骨及破皮现象，块形整齐，每罐 4～6 块，搭配均匀，允许加颈和翅各一块。

固形物：汤汁不超过 60 g。食盐含量 1.5%～2.5%。

四、红烧排骨罐头

（一）工艺流程

原料处理→配料及调味→装罐→排气及密封→杀菌及冷却→成品。

（二）原料辅料

猪肋排 100 kg，食盐 3 kg，酱油 17.5 kg，白糖 6.25 kg，味精 315 g，黄酒 1.5 kg，酱色 0.5 kg，桂皮 125 g，花椒 125 g，八角 25 g，生姜 375 g，骨汤 100 kg。

（三）加工工艺

（1）原料处理。将洗净的肋排每隔两根排骨斩成条，然后斩成 4～5 cm 长的小块。放入 180～220℃的油锅中炸 3～5 min，炸至表面金黄色时捞出。

（2）配料及调味。将香辛料加水熬煮 4 h 以上，得香料水 2 kg，过滤备用。把除黄酒外的全部辅料与过滤后的香料水混合并加热煮沸，临出锅时加入黄酒，每锅汤汁约得 125 kg，趁热装罐。

（3）装罐。内径 99 mm、外高 62 mm 的圆罐，净重 397 g/罐，内装排骨 285～295 g，汤汁 112～102 g。

（4）排气及密封。抽气密封，真空度 53.33～66.65 kPa，排气密封中心温度 80℃以上。

（5）杀菌及冷却

$$杀菌式为：\frac{15'-90'-反压冷却(反压1.5-1.7kg/cm^2)}{118℃}$$

冷却至 40～45℃即可。

（四）质量标准

色泽：酱红至黄褐色。

滋味气味：具有红烧排骨罐头应有的滋味及气味，无异味。

组织形态：肉质软嫩，块形大小均匀，排骨肉层厚度 0.5 cm 以上。

净重：397 g。

固形物：排骨加油不低于净重 70%。

食盐含量：1.2%～2.2%。

五、红烧鸡罐头

（一）工艺流程

原料处理→配料及调料→切块→装罐→排气及密封→杀菌及冷却→成品。

（二）原料辅料

光鸡 100 kg，食盐 850 g，酱油 7 kg，黄酒 2 kg，白糖 2.1 kg，味精 120 g，胡椒粉 40 g，生姜 400 g，葱 400 g，香料水 2 kg，清水 15～20 kg。

（三）加工工艺

（1）原料处理。经宰杀后的光鸡，剥除腹腔油和取下皮及皮下脂肪，斩去头、脚和翅尖，用水清洗干净。腹腔油及其他油熬成溶化油备用。

（2）配料及调味。先配香料水，配制方法：桂皮 1.2 kg，八角 0.2 kg，加水适量熬煮 2 h 以上，过滤制成 20 kg 香料水。把鸡坯放入夹层锅中，加入辅料及香料水，一起焖煮调味，嫩鸡煮 12～18 min，老鸡煮 30～40 min，调味所得汤汁供装罐用。

（3）切块。经调味的鸡切成 5 cm 左右的方块，颈切成 4 cm 长的段，翅膀、腿肉和颈分别放置，以备搭配装罐。

（4）装罐。内径 83.5 mm，外高 54 mm 的圆罐，净重 227 g/罐，内装鸡肉 160 g，汤汁 57 g，鸡油 10 g。内径 74 mm，外高 103 mm 的圆罐，净重 397 g/罐，内装鸡肉 270 g，汤汁 112 g，鸡油 15 g。装罐时鸡各部位的肉应进行搭配。

（5）排气及密封。排气密封：中心温度不低于 65℃；抽气密封，真空度 53.33～66.65 kPa。

（6）杀菌及冷却

净重 227 g 罐头杀菌式为：$\dfrac{15'-70'-\text{反压冷却(反压}1.2-1.4\text{kg/cm}^2)}{118℃}$

净重 397 g 罐头杀菌式为：$\dfrac{15'-80'-\text{反压冷却(反压}1.2-1.4\text{kg/cm}^2)}{118℃}$

（四）质量标准

色泽：呈酱红色。

滋味和气味：具有红烧鸡罐头应有的滋味和气味，无异味。

组织形态：肉质软硬适度，块形为 5 cm 的方块，搭配大致均匀，允许稍有脱骨现象，每罐允许搭配颈、翅各一块。

净重：227 g/罐、397 g/罐。

固形物：鸡肉（带骨）加油不低于净重的 65%。

食盐含量：1.2%～2.2%。

六、午餐肉罐头

午餐肉罐头为一种肉糜制品，如猪肉、羊肉、牛肉、午餐肉、火腿午餐肉、咸肉午餐肉等。现以猪肉为例介绍午餐肉罐头的加工技术。

（一）工艺流程

原料处理→腌制→绞肉斩拌→搅拌→装罐→排气及密封→杀菌及冷却→成品。

（二）原料辅料

猪肥瘦肉 30 kg，净瘦肉 70 kg，淀粉 11.5 kg，玉果粉 58 g，白胡椒粉 190 g，冰屑 19 kg，混合盐 2.5 kg（混合盐配料为：食盐 98%、白糖 1.7%、亚硝酸钠 0.3%）。

（三）加工工艺

（1）原料处理。选用去皮剔骨猪肉，去净前、后腿肥膘，只留瘦肉，肋条肉去除部分肥膘，膘厚不超过 2 cm，成为肥瘦肉，经处理后净瘦肉含肥膘为 8%～10%，肥瘦肉含膘不超过 60%，在夏季生产午餐肉，整个处理过程要求室内温度在 25℃以下，如肉温超过 15℃需先行降温。

（2）腌制。净瘦肉和肥瘦肉应分开腌制，各切成 3～5 cm 小块，分别加入 2.5%的混合盐拌匀后，放入缸内，在 0～4℃温度下腌制 2～4 h，至肉块中心腌透呈红色，肉质有柔滑和坚实的感觉为止。

（3）绞肉斩拌。净瘦肉使用双刀双绞板进行细绞（里面一块绞板孔，径为 9～12 mm，外面一块绞板孔径为 3 mm），肥瘦肉使用孔径 7～9 mm 绞板的绞肉机进行粗绞。将全部绞碎肉倒入斩拌机中，并加入冰屑、淀粉、白胡椒粉及玉果粉进行斩拌 3 min，取出肉糜。

（4）搅拌。将上述斩拌肉一起倒入搅拌机中，先搅拌 20 s 左右，加盖抽真空，在真空度66.65～80.00 kPa情况下搅拌 1 min左右。若使用真空斩拌机则效果更好，不需真空搅拌处理。

（5）装罐。内径 99 mm，外高 62 mm 的圆罐，装 397 g，不留顶隙。

（6）排气及密封。抽气密封，真空度约 40.00 kPa。

（7）杀菌及冷却。

杀菌式为：$\dfrac{15'-70'-\text{反压冷却（反压}1.5\text{kg/cm}^2\text{）}}{121℃}$

（四）质量标准

色泽：呈淡粉红色。

滋味和气味：具有猪肉经腌制的滋味及气味，无异味。

组织及形态：组织紧密细嫩，食之有弹性感，内容物完整地结为一块，表面平整，切面有明显的粗绞肉夹花，允许稍有脂肪折出和小气孔存在，不允许有杂质存在。

净重：397 g，每罐允许误差±3%。

食盐含量：1.5%～2.5%。

亚硝酸残留量：每千克制品中不超过 50 mg。

模块十二　其他肉制品加工

任务一　油炸制品加工

油炸制品是以油脂为介质对处理后的肉料进行热加工而生产的一类产品。油炸使用的设备简单，制作简便。油炸制品具有香、脆、松、酥，色泽美观等特点。油炸除达到制熟的目的外，还有杀菌、脱水和增进风味等作用。

一、油炸的方法及其特点

油炸的方法，根据原料肉不同可分为炸排骨、油淋鸡、炸肉丸等；根据成品的质地、风味不同可分为清炸、干炸、松炸、软炸、卷包炸、纸包炸、酥炸等；也可根据油炸时的油温不同分为温油炸、热油炸、旺油炸、高压油炸。各种不同的油炸方法之间，既有联系又有区别，现以油温不同分类讲述。

1. 温油炸

油炸时油温控制在 80～120℃，处在这种油温时，锅面无青烟，无响声，油面较平静。这种方法适用于质地较嫩的肉类，如里脊肉、禽胸脯肉、鱼虾等。由于原料肉水分含量高，整理时通常切成薄片，调味后再挂上淀粉或鸡蛋等，调制成具有黏性的糊浆或用糯米纸、玻璃纸包裹后进行油炸。由于油温较低，油炸后肉料脱水较少，色泽较淡。成品外松内鲜嫩多汁。这类制品有纸包鸡、软炸里脊肉等。

2. 热油炸

油炸时油温控制在 120～180℃，处在这种油温情况时，锅面冒青烟，油面仍较平静，用铁勺搅动时有响声。由于油温较高，因此油炸时间较短。原料肉通常需切成小的丁、条、片等形状，家禽则整只，表面也需要挂糊，有的挂糊后再蘸一层粉碎的面包渣或馒头渣，再入油锅炸制。由于油温较高，一般要重炸 2 次。成品淡黄色或金黄色，外松脆内软嫩。这类制品较多，如炸排骨、香酥仔鸡等。

3. 旺油炸

油炸时油温控制在 180～220℃，此时全锅冒青烟，油面翻滚。油温高，原料肉脱水快，一般用于形态较大的原料，原料肉表面需挂脆浆糊或蘸干淀粉。炸制时由于急火高温，为了防止外层焦糊和保证制品熟透，须重炸2～3次，成品表面红黄色，里外酥透。这类制品有油淋鸡、脆皮鸭等。

4. 高压油炸

高压油炸是利用高压油炸锅进行炸制的一种方法。一般用于原料块形较大的制品。原料肉经调味、腌制、挂糊等工艺处理后，再经过高压油炸。产品松脆、色泽金黄。这类制品有肯德基炸鸡等。

油炸的技术性较强，油炸过程中火候的大小，油温的高低，时间的长短，都要掌握得恰当，否则会造成制品不熟、不脆或过焦、过老等情况。油炸使用的油锅大小，主要根据产量而定，不宜过大。油锅中的油，一般放到七成即可，不宜放满。油的品种，可选择植物油或动物油。原料入锅应掌握分批小量的原则，在油炸过程中，须用漏勺推动原料避免下沉，粘贴锅底，烧焦发黑。

二、炸乳鸽

炸乳鸽是广东的著名特产，成品为整只乳鸽。炸乳鸽营养丰富，是宴会上的名贵佳肴。

（一）工艺流程

原料选择与整理→浸烫→挂蜜汁→淋油→成品。

（二）原料辅料

乳鸽10只（约6 kg），食盐0.5 kg，清水5 kg，淀粉50 g，蜜糖适量。

（三）加工工艺

（1）原料选择与整理。选用2月龄内，体重在550～650 g重的乳鸽。将乳鸽宰杀后去净毛，开腹取出内脏，洗净体内外并沥干水分。

（2）浸烫。取食盐和清水放入锅内煮沸，将鸽坯放入微开的盐水锅内浸烫至熟。捞出挂起，用布抹干乳鸽表皮和体内的水分。

（3）挂蜜汁。用500 g水将淀粉和蜜糖调匀后，均匀涂在鸽体上，然后用铁钩挂起晾干。

（4）淋油。晾干后用旺油返复淋乳鸽全身至鸽皮色泽呈金黄色为止，然后沥油晾凉即为成品。

（四）质量标准

成品皮色金黄，肉质松脆香酥，味鲜美，鸽体完整，皮不破不裂。

三、油淋鸡

油淋鸡为湖南特产，有一百多年的历史。是由挂炉烤鸭演变而来，根据挂炉烤鸭的原理，以旺油浇淋鸡体加热制熟，故而得名。

（一）工艺流程

原料的选择与整理→支撑、烫皮→打糖→烘干→油淋→成品。

（二）原料辅料

母仔鸡 10 只（10～12 kg），饴糖、植物油适量。

（三）加工工艺

（1）原料的选择与整理。选用当年的肥嫩母仔鸡，体重在 1～1.2 kg 为宜。宰杀去毛，从右腋下开口取内脏，从肘关节处切除翅尖，从跗关节处切除脚爪，洗净后晾干水。

（2）支撑、烫皮。取一根长约 6 cm 秸秆或竹片。从翼下开口处插入胸膛，将胸背撑起。投入沸水锅内，使鸡皮缩平，取出后，把鸡身抹干。

（3）打糖。用 1∶2 的饴糖水，擦于鸡体表面，涂擦要均匀一致。

（4）烘干。将打糖后的鸡体用铁钩挂稳，然后用长约 5 cm 的竹签分别将两翅撑开，用一根秸秆塞进肛门。送入烘房或烘箱悬挂烘烤，温度控制在 65℃左右，待鸡烘到表皮起皱纹时取出。

（5）油淋。将植物油加热至 190℃左右，左手持挂鸡铁钩将鸡提起，右手拿大勺，把鸡置于油锅上方，用勺舀油，反复淋烫鸡体，先淋烫胸部和后腿，再淋烫背部和头颈部，肉厚处多淋烫几勺油，约淋烫 8～10 min，等鸡皮金黄油亮时可出锅。离锅后取下撑翅竹签和肛门内秸秆，若从肛门流出清水，表明鸡肉已熟透，即为成品。若流出浑浊水，表明尚未熟透，仍需继续淋烫，直至达到成品要求为止。

食用油淋鸡时，需调配佐料蘸着食用。

（四）质量标准

成品表面金黄，鸡体完整，腿皮不缩，有皱纹，无花斑，皮脆肉嫩，香酥鲜美。

四、炸猪排

炸猪排选料严格，辅料考究，全国名地均有制作，是带有西式口味的肉制品。

（一）工艺流程

原料选择与整理→腌制→上糊→油炸→成品。

（二）原料辅料

猪排骨 50 kg，食盐 750 g，黄酒 1.5 kg，白酱油 1～1.5 kg，白糖 250～500 g，味精 65 g，鸡蛋 1.5 kg，面包粉 10 kg，植物油适量。

（三）加工工艺

（1）原料选择与整理。选用猪脊背大排骨，修去血污杂质，洗涤后按骨头的界线，一根骨一块剁成 8～10 cm 的小长条状。

（2）腌制。将除鸡蛋、面粉外的其他辅料放入容器内混合，把排骨倒入翻拌均匀，腌制 30～60 min。

（3）上糊。用 2.5 kg 清水把鸡蛋和面包粉搅成糊状，将腌制过的排骨逐块地放入糊浆中裹布均匀。

（4）油炸。把油加热至 180～200℃，然后一块一块地将裹有糊浆的排骨投入油锅内炸制，炸制过程要经常用铁勺翻动，使排骨受热均匀，炸 10～12 min，炸至黄褐色发脆时捞起，即为成品。

（四）质量标准

炸排骨外表呈黄褐色，内部呈浅褐色，块型大小均匀，挂糊厚薄均匀，外酥里嫩，不干硬，块与块不粘连，炸熟透，味美香甜，咸淡适口。

五、纸包鸡

纸包鸡是用纸（糯米纸）包住腌渍好的鸡肉，用花生油烹炸而成。由于能保持原汁，味道鲜嫩，是酒席上的佳品。

（一）工艺流程

原料选择→宰杀与整理→腌制→包纸→烹炸→成品。

（二）原料辅料

鸡肉 500 g，火腿肉 50 g，食盐 12 g，白酒 5 g，酱油 10 g，味精 3 g，香菇 25 g，小麻油、葱、姜及花生油等适量。

（三）加工工艺

（1）原料选择。选用肉鸡或当年健康肥嫩的小母鸡作为原料。

（2）宰杀与整理。将活鸡宰杀，放净血，热水烫毛后煺净毛，取出所有内脏，把鸡体内外冲洗干净，晾挂沥干水分。然后去掉骨头，取鸡的胸肉或腿肉，切成小片，每片约重 15 g。

（3）腌制。火腿肉和香菇切成丝状，将切好的鸡肉片和火腿、香菇放入盆中，加入其他辅料并拌匀，腌渍 10～15 min。

（4）包纸。取 8～10 cm 见方的糯米纸或玻璃纸铺在案板上，放入腌渍好的鸡肉一块和适量的调料，将纸包成长方形。

（5）烹炸。把包好的鸡块投入 150～170℃的花生油锅里炸 5 min 左右，当纸包浮起略呈黄色便捞起，稍凉即为成品。折开纸包即可食用（糯米纸可食，不用拆包）。

（四）质量标准

成品外表呈金黄色，外皮酥脆，肉质鲜嫩，咸淡适宜，美味可口。

六、猪肉皮

油炸猪肉皮可作为各种菜肴的原料，是深受消费者喜爱的一种肉制品。食用时，将油炸猪肉皮浸泡在水中，令其吸足水分并发软，然后根据需要切成条、丁或块，加入各种菜肴中，别有风味。

（一）工艺流程

扦皮→晒皮→浸油→油炸→成品。

（二）原料辅料

猪肉皮 10 kg，猪油适量。

（三）加工工艺

（1）扦皮。将猪皮摊于贴板上，皮朝上，用刀刮去皮上余毛、杂质等，再翻转肉皮，用左手拉住皮的底端，右手用片刀由后向前推铲，把皮下的油膘全部铲除，使皮面光滑平整，无凹凸不平现象，最后修整皮的边缘。肉皮面积以每块不小于 15 cm 为宜。

（2）晒皮。经过扦皮后的猪肉皮，用刀在皮端戳一个小孔，穿上麻绳，分挂在竹竿或木架上，放在太阳下暴晒，晒到半干时，猪皮会卷缩，此时应用手予以拉平，日晒时间为 2～5 d。晒至透明状并发亮即成为干肉皮，存放在通风干燥的地方，可防止发霉。干肉皮可随干随炸，随炸随售。

（3）浸油。将食用猪油加热至 85℃左右，用中火保持油温，把肉皮放入油锅内，并浸过油面，稍加大火力，提高油温，并用铁铲翻动肉皮，待肉皮发出小泡时捞出，漏干余油，散尽余热。

（4）油炸。将油温保持在 180～220℃，操作时以左手执锅铲，右手执长炳铁钳，把干肉皮放入油锅内炸制，很快即发泡发胀，面积扩大，肉皮的四周向里卷缩，双手配合应随时用锅铲和铁钳把肉皮摊平，不使其卷缩，待油炸 2～3 min 后，肉皮全身胀透，其面积扩大至 3～6 倍时，即起锅置于容器上，滴干余油后即为成品。

（四）质量标准

成品要求平整，色泽白或淡黄，质地松脆，不焦不黑，清洁干燥。

任务二　发酵肉制品加工

一、概述

发酵肉制品是指肉制品在加工过程中经过了微生物发酵，由特殊细菌或酵母将糖转化为各种酸或醇，使肉制品的 pH 降低，经低温脱水使 Aw 下降加工而成的一类肉制品。发酵肉制品因其较低的 pH 和较低的 Aw 使其得以保藏。在发酵、干燥过程中产生的酸、醇、非蛋白态含氮化合物、脂及酸使发酵肉制品具有独特的风味。

传统发酵肉制品生产中发酵所需的微生物是偶然从环境中混入的“野生”菌，而现在一般用筛选甚至通过生物工程技术培育的微生物。

二、发酵肉制品的种类

发酵肉制品主要是发酵香肠制品，另外还有部分火腿。这些制品的分类常以酸性（pH）高低、原料形态（绞碎或不绞碎）、发酵方法（有无接种微生物或添加碳水化合物）、表面有无霉菌生长、脱水的程度，甚至以地名进行命名。常见的分类方法主要有以下三种。

（一）按产地分类

这类命名方法是最传统也是最常用的方法，如黎巴嫩大香肠、塞尔维拉特香肠、欧洲干香肠、萨拉米香肠。

（二）按脱水程度

根据脱水程度可分成半干发酵香肠和干发酵香肠。

（三）根据发酵程度

根据发酵程度可分为低酸发酵肉制品和高酸发酵肉制品。成品的发酵程度是决定发酵肉制品品质的最主要因素，因此，这种分类方法最能反映出发酵肉制品的本质。

1．低酸发酵肉制品

传统上认为低酸肉制品的 pH 为 5.5 或大于 5.5。对低酸肉制品，低温发酵和干燥有时是唯一抑制杂菌直至盐浓度达到一定水平（Aw 值降至 0.96 以下）的手段。著名的低酸发酵干燥肉制品有法国、意大利、匈牙利的萨拉米香肠，西班牙火腿等。

2．高酸发酵肉制品

不同于传统低酸发酵肉制品，绝大多数高酸发酵肉制品用发酵剂接种或用发酵香肠的成品接种。而接种用的微生物有能发酵添加的碳水化合而产酸的菌种。因此，成品的 pH 在 5.4 以下。

三、发酵香肠的加工

（一）工艺流程

绞肉→斩拌→灌肠→接种霉菌或酵母菌→发酵→干燥和成熟→包装。

（二）操作要点

（1）绞肉。尽管发酵香肠的质构不尽相同，但粗绞时原料精肉的温度应当在−4～0℃的范围内，而脂肪要处于−8℃的冷冻状态，以避免水的结合和脂肪的融化。

（2）斩拌。首先将精肉和脂肪倒入斩拌机中，稍加混匀，然后将食盐、腌制剂、发酵剂和其他的辅料均匀地倒入斩拌机中斩拌混匀。斩拌的时间取决于产品的类型，一般的肉馅中脂肪的颗粒直径为 1～2 mm 或 2～4 mm。生产上应用的乳酸菌发酵剂多为冻干菌，使用时通常将发酵剂放在室温下复活 18～24 h，接种量一般为 106～107 CFU/g。

（3）灌肠。将斩拌好的肉馅用灌肠机灌入肠衣。灌制时要求充填均匀，肠坯松紧适度，整个灌制过程中肠馅的温度维持在 0～1℃。为了避免气泡的混入，最好利用真空灌肠机灌制。

生产发酵香肠的肠衣可以是天然肠衣，也可以是人造肠衣（纤维素肠衣、胶原肠衣）。肠衣的类型对霉菌发酵香肠的品质有重要的影响。利用天然肠衣灌制的发酵香肠具有较大的菌落并有助于酵母菌的生长，成熟的更为均匀且风味较好。无论选用何种肠衣，其必须具有允许水分通透的能力，并在干燥过程中随肠馅的收缩而收缩。德国涂抹型发酵香肠通常用直径小于 35 mm 的肠衣，切片型发酵香肠用 65～90 mm 的肠衣，接种霉菌或酵母菌的发酵香肠一般用直径 30～40 mm 的肠衣。

（4）接种霉菌或酵母菌。肠衣外表面霉菌或酵母菌的生长不仅对于干香肠的食用品质具有非常重要的作用，而且能抑制其他杂菌的生长，预防光和氧对产品的不利影响，并代谢产生过氧化氢酶。

生产中常用的霉菌是纳地青霉和产黄青霉，常用的酵母是汉逊德巴利酵母和法马塔假丝酵母。商业上应用的霉菌和酵母发酵剂多为冻干菌种，使用时，将酵母和霉菌的冻干菌用水制成发酵剂菌液，然后将香肠浸入菌液中即可。但必须注意配制接种菌液的容器应当是无菌的，以避免二次污染。

（5）发酵。发酵温度依产品类型而有所不同。通常对于要求 pH 迅速降低的产品，所采用的发酵温度较高。据认为，发酵温度每升高 5℃，乳酸生成的速率将提高一倍。但提高发酵温度也会带来致病菌，特别是金黄色葡萄球菌生长的危险。发酵温度对于发酵终产物的组成（乳酸和醋酸的相对比例）也有影响，较高的发酵温度有利于乳酸的形成。当然，发酵温度越高，发酵时间越短。一般涂抹型香肠的发酵温度为 22～30℃，发酵时间为最长 48 h；半干香肠的发酵温度为 30～37℃，发酵时间为 14～72 h；干发酵香肠的发酵温度为 15～27℃，发酵时间为 24～72 h。

在发酵过程中，相对湿度的控制对于干燥过程中避免香肠外层硬壳的形成和预防表面霉菌和酵母菌的过度生长也是非常重要的。高温短时发酵时，相对湿度应控制在 98%，较低温度发酵时，相对湿度应低于香肠内部湿度 5%～10%。

发酵结束时，香肠的酸度因产品而异。对于半干香肠，其 pH 应低于 5.0，美国生产的半干香肠的 pH 更低，德国生产的干香肠的 pH 在 5.0～5.5 的范围内。香肠中的辅料对产酸过程有影响。在真空包装的香肠和大直径的香肠中，由于氧的缺乏，产酸量较大。

（6）干燥和成熟。干燥的程度是影响产品的物理化学性质、食用品质和贮藏稳定性的主要因素。

在香肠的干燥过程中，控制香肠表面水分的蒸发速度，使其平衡于香肠内部的水分向香肠表面扩散的速度是非常重要的。在半干香肠中，干燥损失少于其湿重的 20%，干燥温度在 37～66℃之间。温度高，干燥时间短，温度低时，可能需要几天的干燥时间。高温干燥可以一次完成，也可以逐渐降低湿度分段完成。

干香肠的干燥温度较低，一般为 12～15℃，干燥时间主要取决于香肠的直径。商业上应用的干燥程序按照下列的模式。

16℃，相对湿度 88%～90%（24 h）→24～26℃，相对湿度 75%～80%（48 h）→12～15℃，相对湿度 70%～75%（17 d）→成品。

25℃，相对湿度 85%（36～48 h）→16～18℃，相对湿度 77%（48～72 h）→9～12℃，相对湿度 75%（25～40 d）→成品。

许多类型的半干香肠和干香肠在干燥的同时进行烟熏，烟熏的目的主要是通过干燥和熏烟中酚类、低级酸等物质的沉积和渗透抑制霉菌的生长，同时提高香肠的适口性。对于干香肠，特别是接种霉菌和酵母菌的干香肠，在干燥过程中会发生许多复杂的化学变化，也就是成熟。在某些情况下，干燥过程是在一个较短的时间内完成的，而成熟则一直持续到消费为止，通过成熟形成发酵香肠的特有风味。

（7）包装。为了便于运输和贮藏，保持产品的颜色和避免脂肪氧化，成熟以后的香肠通常要进行包装。真空包装是最常用的包装方法。不足之处是真空包装后由于产品中的水分会向表面扩散，打开包装后，导致表面霉菌和酵母菌快速生长。

【复习思考题】

1．简述炸制的基本原理，炸制有哪几种方法？
2．举例说明 1～2 种当地消费者喜欢的油炸制品的加工工艺及质量控制。
3．简述发酵肉制品的概念和分类。
4．简述发酵肠的加工工艺及质量控制。

实训指导

实训一　原料肉品质的评定

【目的要求】

通过评定或测定原料肉的颜色、酸度、保水性、嫩度、大理石纹及熟肉率，对原料肉品质做出综合评定。

【材料用具】

（1）原料。猪半胴体。

（2）用具。肉色评分标准图、大理石纹平分图、定性中速滤纸、酸碱度计、钢环允许膨胀压力、取样品、LM-嫩度计、书写用硬质塑料板、分析天平。

【方法步骤】

1. 肉色

猪宰后 2～3 h 内取最后胸椎处背最长肌的新鲜切面，在室内正常光线下用目测评分法评定，评分标准见实训表 1。应避免在阳光直射或室内阴暗处评定。

实训表 1　肉色评分标准

肉　色	灰　白	微　红	正常鲜红	微 暗 红	暗　红
评　分	1	2	3	4	5
结　果	劣质肉	不正常肉	正常肉	正常肉	正常肉*

注：* 为美国《肉色评分标准图》，因我国的猪肉较深，故评分 3～4 者为正常。

2. 肉的酸碱度

宰杀后在 45 min 内直接用酸碱度计测定背最长肌的酸碱度。测定时先用金属棒在肌肉上刺一个孔，按国际惯例，用最后胸椎部背最长肌中心处的 pH 表示。正常肉的 pH 为 6.1～6.4，灰白水样肉（PSE）的 pH 一般为 5.1～5.5。

3. 肉的保水性

测定保水性使用最普遍的方法是压力法，即施加一定的重量或压力，测定被压出的水量与肉重之比或按压出水所湿面积之比。我国现行的测定方法是用 35 kg 重量压力法度量肉样的失水率，失水率越高，系水力越低，保水性越差。

（1）取样。在第 1～2 腰椎背最长肌处切取 1.0 mm 厚的薄片，平置于干净橡皮片上，再用直径 2.523 cm 的圆形取样器（圆面积为 5 cm^2）切取中心部肉样。

（2）测定。切取的肉样用感量为 0.001 g 的天平称重后，将肉样置于两层纱布间，上下各垫 18 层定性中速滤纸，滤纸外各垫一块书写用硬质塑料板，然后放置于改装钢环允许膨胀压缩仪上，用匀速摇动把加压至 35 kg，保持 5 min，解除压力后立即称量肉样重。

（3）计算。失水率=（加压后肉样重/加压前肉样重）×100%

计算系水率时，需在同一部位另采肉样 50 g，按常规方法测定含水量后按下列公式计算：

$$\text{系水率}=\frac{\text{肌肉总重量}-\text{肉样失水量}}{\text{肌肉总水分量}}\times 100\%$$

4．肉的嫩度

嫩度评定分为主观评定和客观评定两种方法。

（1）主观评定。主观评定是依靠咀嚼和舌与颊对肌肉的软、硬与咀嚼的难易程度等方法进行综合评定。感官评定的优点是比较接近正常食用条件下对嫩度的评定。但评定人员须经专门训练。感官评定可从以下三个方面进行：①咬断肌纤维的难易程度；②咬碎肌纤维的难易程度或达到正常吞咽程度时的咀嚼次数；③剩余残渣量。

（2）客观评定。用肌肉嫩度计（LM-嫩度计）测定剪切力的大小来客观表示肌肉的嫩度。实验表明，剪切力与主观评定之间的相关系数达 0.60～0.85，平均为 0.75。

测定时在一定温度下将肉样煮熟，用直径为 1.27 cm 的取样器切取肉样，在室温条件下置于剪切仪上测量剪切肉样所需的力，用 kg 表示，其数值越小，肉越嫩。重复三次计算其平均值。

5．大理石纹

大理石纹反映了一块肌肉可见脂肪的分布状况，通常以最后一个胸椎处的背最长肌为代表，用目测评分法评定：脂肪只有痕迹评 1 分；微量脂肪评 2 分；少量脂肪评 3 分；适量脂肪评 4 分；过量脂肪评 5 分，目前暂用大理石纹评分标准图测定，如果评定鲜肉时脂肪不清楚，可将肉样置于冰箱内在 4℃下保持 24 h 后再评定。

6．熟肉率

将完整腰大肌用感量为 0.1 g 的天平称重后，置于蒸锅屉上蒸煮 45 min，取出后冷却 30～40 min 或吊挂于室内无风阴凉处，30 min 后称重，用下列公式计算：

$$熟肉率 = \frac{蒸煮后肉样重}{蒸煮前肉样重} \times 100\%$$

【实训作业】

根据实验结果，对原料肉品质做出综合评定，写出实训报告。

实训二　肉的分割

【目的要求】

通过实训，使学生掌握猪胴体和肉鸡的分割方法及实际操作技能。

【材料用具】

（一）原料（每组计量，8～10 人/组）

（1）猪半胴体，50 kg。
（2）光鸡四只，8 kg。

（二）工具

刀具（尖刀、方刀、弯头刀、直刀等）、刀棍、磨石、台秤、冰箱或冰柜、空调、不锈钢盆、不锈钢桶、塑料袋等。

【方法步骤】

（一）猪胴体分割操作步骤

我国供市场零售的猪胴体分为肩颈部、背腰部、臀腿部、肋腹部、前后肘子、前颈部及修整下来的腹肋部六个部位。供内、外销的猪胴体分为颈背肌肉、前腿肌肉、脊背肌肉、臀腿肌肉四个部分。

（二）肉鸡分割操作步骤

1．选料
原料光鸡一般选择 1.5～2.0 kg，饲养 50～70 d 肉用鸡。

2. 宰杀

将活鸡宰杀、浸烫、去毛、开膛取内脏，成品为光鸡。

3. 分割

通常将肉鸡大体上分割为腿部、胸部、副产品（翅、爪及内脏）三个部分。

（1）腿部分割。将脱毛光鸡两腿的腹股沟的皮肉割开，用两手把左右腿向脊背拽把背皮划开。再用刀将旁边的肉切开，用刀口后部切压闭孔，左手用力将鸡腿肉反拉开即成。

（2）胸部分割。首先，以颈的前胸面正中线，以咽颌到颈椎右边颈皮切开，并切开左肩胛骨，用同样的方法切开后颈皮和右肩胛骨，左手握住鸡颈骨，右手食指插入胸膛，并向相反方向拉开即成。

（3）副产品分割。

① 鸡翅。切开肱骨喙骨连接处，即成三节鸡翅。

② 鸡爪。用剪刀或刀切断胫骨与腓骨的连接处。

③ 心肝。从嗉囊起把肝、心脏、肠分割后再摘出心、肝。

④ 肫。肫切开，剥去肫的内金皮，不残留黄色。

【实训作业】

（1）试述我国猪胴体和肉鸡的分割方法及操作要点。

（2）分割加工间有哪些卫生要求？

（3）写出本次实训报告。

实训三　腊肉加工

【目的要求】

通过实训，使学生熟悉腌腊肉制品的加工的方法，掌握腊肉的加工的操作要领。

【材料用具】

（1）去骨五花肉。

（2）用具。切肉刀、线绳、案板、盆、烘烤和熏烟设备、真空包装机、秤等。

【方法步骤】

（1）原料验收。精选肥瘦层次分明的去骨五花肉或其他部位的肉，一般肥瘦比例为 5∶5 或 4∶6，剔除硬骨或软骨，切成长方体形肉条，肉条长 38～42 cm，宽 2～5 cm，厚 1.3～1.8 cm，重 0.2～0.25 kg。在肉条一端用尖刀穿一小孔，系绳吊挂。

（2）腌制。一般采用干腌法和湿腌法腌制。按实训表 2 配方用 10%清水溶解配料，倒入容器中，然后放入肉条，搅拌均匀，每隔 30 min 搅拌翻动 1 次，于 20℃下腌制 4～6 h，腌制温度越低，腌制时间越长，使肉条充分吸收配料，取出肉条，滤干水分。

实训表 2　腌制配方

名称	肉品	精盐	白砂糖	曲酒	酱油	亚硝酸钠	其他
用量/kg	100	3	4	2.5	3	0.01	0.1

（3）烘烤或熏制。腊肉因肥膘肉较多，烘烤或熏制温度不宜过高，一般将温度控制在 45～55℃，烘烤时间为 1～3 d，根据皮、肉颜色可判断，此时皮干瘦肉呈玫瑰红色，肥肉透明或呈乳白色。熏烤常用木炭、锯木粉、糠壳等作为烟熏燃料，在不完全燃烧条件下进行熏制，使肉制品具有独特的腊香。

（4）包装与保藏。冷却后的肉条即为腊肉成品。采用真空包装，即可在 20℃下保存 3～6 个月。

【实训作业】

对照腊肉成品进行评定，并写出实训报告。

实训四　烧鸡加工

【目的要求】

通过实训，基本掌握酱卤制品的调味与煮制方法，初步掌握烧鸡的加工技术。

【材料用具】

（1）原料。健康活鸡一只，体重 1.5～2 kg。

（2）用具。煤气炉灶、煮锅、盆、刀、盘、秤、天平等。

【方法步骤】

（1）屠宰煺毛。采用颈下“切断三管”宰杀，充分放血后，用 70～75℃热水浸烫 2～3 min 后即行煺毛，煺毛顺序是：头颈→两翅→背部→腹部→两腿。

（2）去内脏。在离肛门前开 3～4 cm 长的横切口，用两手指伸入剥离鸡油，取出鸡的全部内脏，用冷水清洗鸡体内部及全身。

（3）造型。将鸡两脚爪交叉插入腹腔内，把头别在左翅下。

（4）烫皮、上色。将整形后的鸡放入 90℃左右的热水中浸烫 1～2 min 捞出，待鸡身水分晾干后上糖色。糖液的配制是 1 份麦芽糖或蜜糖加 60℃的热水 3 份调配成上色液。用刷子将糖液均匀擦于造型后的鸡体外表，晾干表面水分。

（5）油炸。将上好糖液的鸡放入加热至 170～180℃的植物油中翻炸 5～8 min，待鸡体表面呈柿黄色时即可捞出，炸鸡时动作要轻，不要把鸡皮弄破。

（6）煮制。烧鸡（1 只鸡）辅料用量：食盐 7 g、白酒 3 g、酱油 40 g、味精 3 g、砂仁 0.5 g、豆蔻 0.5 g、丁香 0.5 g、草果 1.5 g、桂皮 2 g、陈皮 1 g、白芷 1 g、植物油适量。

将香辛料加适量的水煮沸 5～10 min，然后放入炸好的鸡体，并同时加入食盐、白酒、酱油等辅料，用大火烧开，后改用小火焖煮 2～4 h，待熟烂后，捞鸡出锅。

（7）成品。外形完整、造型美观、色泽酱黄带红，味香肉烂，出品率 64%左右。

【实训作业】

按实际操作过程写出实习报告（实训内容、产品加工方法、步骤、结果分析等）。

实训五　五香牛肉加工

【目的要求】

通过实训，基本掌握酱卤制品的调味与煮制方法，初步掌握五香牛肉的加工技术。

【材料用具】

（1）原料。鲜牛肉。

（2）用具。刀、煮锅、盆、盘、秤、天平等。

【方法步骤】

（1）原料整理。去除较粗的筋腱或结缔组织，用 25℃左右温水洗除肉表面血液和杂物，按纤维纹路切成 0.5 kg 左右的肉块。

（2）腌制。将食盐洒在肉坯上，反复推擦，放入盆内腌制 8～24 h（夏季时间短）。腌制过程需翻动多次，使肉变硬。

（3）预煮。将腌制好的肉坯用清水冲洗干净，放入水锅中，用旺火烧沸，注意撇除浮沫和杂物，约煮 20 min，捞出牛肉块，放入清水中漂洗干净。

（4）烧煮。五香牛肉 1 kg 辅料用量：食盐 20 g、酱油 25 g、白糖 13 g、白酒 6 g、味精 2 g、八角 5 g、桂皮 4 g、砂仁 2 g、丁香 1 g、花椒 1.5 g、红曲粉、花生油适量。

把腌制好并清洗过的牛肉块放入锅内，加入清水 0.75 kg，同时放入全部辅料及红曲粉，用旺火煮沸，再改用小火焖煮 2～3 h 出锅。煮制过程需翻锅 3～4 次。

（5）烹炸。将花生油温升高到 180℃左右，把烧煮好的牛肉块放入锅内烹炸 2～3 min 即成品。烹炸后的五香牛肉有光泽，味更香。

（6）成品。成品表面色泽酱红，油润发亮，筋腱呈透明或黄色；切片不散，咸中带甜，美味可口，出品率 42%左右。

【实训作业】

按实际操作过程写实习报告（产品加工要点、步骤、结果分析等）。

实训六　熏鸡加工

【目的要求】

通过实训，基本掌握熏制方法，初步掌握熏鸡制品的加工技术。

【材料用具】

（1）原料。淘汰蛋鸡。

（2）用具。煤气炉灶、煮锅、盆、刀、天平、秤、熏箱等。

【方法步骤】

（1）原料选择与整理。选用健康 1 年生公鸡（现多采用淘汰蛋鸡为原料）。从鸡的喉咙底部切断颈动脉血管放血，刀口以 1～1.5 cm 为宜。然后浸烫煺毛，煺毛后用酒精灯烧去鸡体上的小毛、绒毛，在鸡下腹部切 3～5 cm 的小口，取出内脏，用清水浸泡 1～2 h，待鸡体发白后取出。

（2）造型。用剪刀将胸骨剪断，打断大腿（大腿的上 1/3 处），将两腿交叉插入腹腔，右翅由放血刀口进入，从口腔伸出向后背，左翅向后背，使之成为两头尖的造型。

（3）煮制。鸡 10 只（约 15 kg）辅料用量：食盐 500 g、香油 50 g、白糖 80 g、味精 10 g、陈皮 8 g、桂皮 8 g、胡椒粉 5 g、五香粉 5 g、砂仁 5 g、豆蔻 5 g、山萘 5 g、丁香 7 g、白芷 7 g、肉桂 7 g、肉蔻 5 g。

先将陈汤煮沸，取适量陈汤浸泡配料约 1 h，然后将鸡入锅（如用新汤，上述配料除加盐外加成倍量的水），锅中水以淹没鸡体为度。煮时火候适中，以防火大导致皮裂开。应先用中火煮 1 h 再加入盐，嫩鸡煮 1.5 h，老鸡约 2 h 即可出锅。

（4）熏制。出锅趁热在鸡体上刷一层香油，随即送入烟熏室或锅中进行熏烟，熏 8～10 min，待鸡体呈红黄色即可。熏好之后再在鸡体上刷一层香油。目的在于保证熏鸡有光泽，防止成品干燥，增加产品香气和保藏性。

【实训作业】

根据实训内容，按实际操作过程写出实习报告。

实训七　烤鸭加工

【目的要求】

通过实训，基本掌握烤制品的烤制方法；初步掌握烤鸭制品的加工技术。

【材料用具】

（1）原料。肉鸭（北京鸭或樱桃谷鸭）。

（2）用具。煤气炉灶、烤鸭钩、烤炉或烤箱、盆、刀、天平、秤等。

【方法步骤】

（1）选料。北京烤鸭要求必须是经过填肥的北京鸭，饲养期在 55～65 日龄，活重在 2.5 kg 以上的为佳。

（2）宰杀造型。经过宰杀、放血、煺毛后，先剥离颈部食道周围的结缔组织，打开气门，向鸭体皮下脂肪与结缔组织之间充气，使鸭体保持膨大壮实的外形。然后从腋下开膛，取出全部内脏，用 8～10 cm 长的秫秸（去穗高粱秆）由切口塞入膛内充实体腔，使鸭体造型美观。

（3）冲洗烫皮。通过腋下切口用清水（水温 4～8℃）反复冲洗胸腹腔，直到洗净为止。拿钩钩住鸭胸部上端 4～5 cm 处的颈椎骨（右侧下钩，左侧穿出），提起鸭坯用 100℃的沸水淋烫表皮，淋烫时，第一勺水要先烫刀口处，使鸭皮紧缩，防止跑气，然后再烫其他部位。用 3～4 勺沸水即能把鸭坯烫好。

（4）浇挂糖色。浇挂糖色的方法与烫皮相似，先淋两肩，后淋两侧。一般只需 3 勺糖水即可淋遍鸭体。糖色的配制用 1 份麦芽糖和 6 份水，在锅内熬成棕红色即可。

（5）灌汤打色。鸭坯经过上色后，向体腔灌入 100℃汤水 70～100 ml，为了弥补挂糖色时的不均匀，鸭坯灌汤后，要淋 2～3 勺糖水，称为打色。

（6）挂炉烤制。鸭坯进炉后，先挂在炉膛前梁上，使鸭体右侧刀口向火，让炉温首先进入体腔，促进体腔内的汤水汽化，使鸭肉快熟。等右侧鸭坯烤至橘黄色时，再使左侧向火，烤至与右侧同色为止。然后旋转鸭体，烘烤胸部、下肢等部位。反复烘烤，直到鸭体全身呈枣红色并熟透为止。

烘烤的时间为 30～40 min。炉内温度 230～250℃。

【实训作业】

按实际操作过程写出实习报告（实训内容、产品加工方法与步骤、结果分析等）。

实训八　灌肠加工

【目的要求】

通过本实训，了解肠类加工设备的使用方法，使学生掌握灌肠加工的基本方法。

【材料用具】

（1）原料。猪瘦肉，猪肥肉（7∶3）。

（2）用具。剔骨刀、切肉刀、案板、搪瓷盆、绞肉机、斩拌机、灌肠机、台秤、天平、烘房、煮锅、熏烟室等。

【方法步骤】

（1）原料的整理。剔去大小骨头以及结缔组织等，最后将瘦肉切成 100～150 g 的肉块，肥膘切成 1 cm^3 见方的膘丁，以备腌制。

（2）腌制。将肥、瘦肉分别按以上配比进行腌制，置于 10℃以下的冷库中腌制约 3 d，肉块切面变成鲜红色，且较坚实有弹性，无黑心时腌制结束，脂肪坚硬，切面色泽一致即可。

（3）制馅。

①配料。原料肉 50 kg 用量：精盐 1.75 kg、味精 50 g、蒜 0.9 kg、干淀粉 3 kg、硝酸钠 12.5 g、胡椒粉 36 g。

②绞碎。腌制后的肉块，需要用绞肉机绞碎，一般用 2～3 mm 孔径粗眼的绞肉机绞碎，在绞肉时由于与机器摩擦而肉温升高，须加入冰屑进行冷却。

③斩拌。将原料斩拌至肉浆状，使成品具有鲜嫩细腻特点。斩拌时，通常先将瘦肉和部分的肥肉剁碎至浆糊状，同时，根据原料的干湿度和肉馅的黏性，添加适量的水，一般每 100 kg 原料加水 30～40 kg，根据配料，加入香料，淀粉须以清水调合，最后将肥膘丁加入，斩拌时间一般为 5 min，为了避免肉温升高，斩拌时需要向肉中加 7%～10%的冰屑，冰屑数量包括在加水总量内。斩拌结束时的温度最好能保持在 10℃以下。

（4）灌制。将肠衣套在灌肠机的灌嘴上，使肉馅均匀地灌入肠衣中。要掌握松紧度，不能过紧或过松。每隔 15～20 cm 打结。

（5）烘烤。烘烤温度为 65～70℃，时间为 40 min，表面干燥透明，肠馅显露淡红色即为烤好。

（6）煮制。锅内水温达到 90～95℃，放入色素搅和均匀，随即将肠体放入，保持水温 80～83℃，肠体中心部温度达到 72℃，恒温 35～40 min 出锅，煮熟的标志是用手掐肠体感到挺硬有弹性。

（7）烟熏。无熏烟室可用熏箱或大铁锅，放入红糖和锯末进行熏制。烟熏温度为 120～150℃，时间为 3～5 min。

【实训作业】

总结灌肠加工操作要点，并计算其成品率，写出实训报告。

实训九　干肉制品加工

【目的要求】

了解干肉制品加工工艺，掌握肉干、肉脯、肉松的加工方法。

【材料用具】

（1）原料。新鲜牛肉、新鲜猪后腿瘦肉、鸡肉。

（2）用具。剔骨刀、切肉刀、烘炉、煮锅、烘箱、炒松机等。

【方法步骤】

1．牛肉干加工

（1）原料肉修整。选用新鲜牛肉，除去筋腱、肌膜、肥脂等，切成大小相等肉块，洗去血污备用。

（2）配料。以 100 kg 牛肉计：白糖 15 kg，五香粉 250 g，辣椒粉 250 g，食盐 4 kg，味精 300 g，安息香酸钠 50 g，曲酒 1 kg，茴香粉 100 g，特级酱油 3 kg，玉果粉 100 g。

（3）初煮。将牛肉煮至七成熟后取出，置筛上自然冷却（夏天放于冷风库）。然后切成 3.5 cm×2.5 cm 薄片。要求片形整齐，厚薄均匀。

（4）煮烤。取适量初煮汤，将配料混匀溶解后再将牛肉片加入，烧至汤净肉酥出锅，平铺在烘筛上，60～80℃烘烤 4～6 h 即为成品。

2．肉脯的加工

（1）原料肉修整。选用新鲜猪后腿，去皮拆骨，修尽肥膘、筋膜。将纯精瘦肉装模，置于冷库使肉块中心温度降至−2℃，上机切成 2 cm 厚肉片。

（2）配料。猪瘦肉 100 kg 精肉计算：特级酱油 9.5 kg，白糖 13.5 kg，白胡椒粉 0.1 kg，鸡蛋 3.0 kg，味精 0.5 kg，精盐 2.0 kg。

（3）拌料。将配料混匀后与肉片拌匀，腌制 50 min。不锈钢丝网上涂植物油后平铺上腌好的肉片。

（4）烘烤。肉片铺好后送入烘箱内，保持烘箱温度 80～55℃，烘 5～6 h 便成干坯。冷却后移入空心烘炉内，150℃烘烧至肉坯表面出油，呈棕红色为止。烘好的肉片用压平机压平，切成 120 mm×80 mm 长方形即为成品。

3．肉松的加工

（1）原料肉整理。选用猪后腿瘦肉为原料，剔去皮、骨、肥肉及结缔组织后，切成 1.0～1.5 kg 的肉块。

（2）配料。猪瘦肉 100 kg 精肉计算：红酱油 7.0 kg，白砂糖 11 kg，白酱油 7.0 kg，50 度高粱酒 0.28 kg、味精 0.17 kg，精盐 1.7 kg。

（3）煮烧。将肉与香辛料下锅煮烧 2.5 h 左右至熟烂，撇去油筋及浮油，加入酱油、高粱酒，煮至汤清油尽加入蔗糖、味精，调节温度收汁。煮烧共计 3 h 左右。

（4）炒松。收汁后移入炒松机炒松至肌纤维松散，色泽金黄，含水量小于 20% 即可。再经擦松、跳松、拣松后即可包装。

（5）包装。炒松结束后趁热装入塑料袋或马口铁听。

【实训作业】

按实际操作过程写实习报告（实训内容、产品加工要点、结果分析）。

实训十　肠衣加工

【目的要求】

通过实训，进一步了解肠衣的加工工艺，巩固课堂所学的知识，掌握肠衣加工方法。

【材料用具】

猪小肠、粗盐、精盐、木槽、刮板、刮刀、分路卡、缸、竹筛、水容器（带直式水龙头）、塑料袋、量码尺。

【方法步骤】

（1）取肠。猪宰后，先从大肠与小肠的连接处割断，随即一只手抓住小肠，另一只手抓住肠网油，轻轻地拉扯，使肠与油层分开，直到胃幽门处割下。

（2）捋肠。将小肠内的粪便尽量捋尽，然后灌水冲洗，此肠称为原肠。

（3）浸泡。从肠大头灌入少量清水，浸泡在清水木桶或缸内。一般夏天 2～6 h，冬天 12～24 h。冬天的水温过低，应用温水进行调节提高水温。要求浸泡的用水要清洁，不能含有矾、硝、碱等物质。将肠泡软，易于刮制，又不损害肠衣品质。

（4）刮肠。把浸泡好的肠放在平整光滑的木板（刮板）上，逐根刮制。刮制时，一手捏牢小肠，一手持刮刀，慢慢地刮，持刀须平稳，用力应均匀。既要刮净，又不损伤肠衣。

（5）盐腌。每把肠（91.5 m）的用盐量为 0.7～0.9 kg。要轻轻涂擦，到处擦到，力求均匀。一次腌足。腌好后的肠衣再打好结，放在竹筛上，盖上白布，沥干生水。夏天沥水 24 h，冬天沥水 2 d。沥干水后将多余盐抖下，无盐处再用盐补上。

（6）浸漂拆把。将半成品肠衣放入水中浸泡、拆把、洗涤、反复换水。浸漂时间夏季不超过 2 h，冬季可适当延长。漂至肠衣散开、无血色、洁白即可。

（7）灌水分路。将漂洗净的肠衣放在灌水台上灌水分路。肠衣灌水后，两手紧握肠衣，双手持肠距离 30～40 cm，中间以肠自然弯曲成弓形，对准分路卡，测量肠衣口径的大小，满卡而不碰卡为本路肠衣。测量时要勤抄水，多上卡，不得偏斜测量。盐渍猪小肠衣分路标准见实训表 3。

实训表 3　猪肠衣分路标准

路分	1	2	3	4	5	6	7
口径/mm	24～26	26～28	28～30	30～32	32～34	34～36	36 以上

（8）配码。将同一路的肠衣，在配码台上进行量码和搭配。在量码时先将短的理出，然后将长的倒在槽头，肠衣的节头合在一起，以两手拉着肠衣在量码尺上比量尺寸。量好的肠衣配成把。配把要求：要求每把长 91.5 m，节头不超过 18 节，每节不短于 1.37 m。

（9）盐腌。每把肠衣用精盐（又称肠盐）1 kg。腌时将肠衣的结拆散，然后均匀上盐，再重新打好把结，置于筛盘中，放置 2～3 d，沥去水分。

（10）扎把。将肠衣从筛内取出，一根根理开，去其经衣，然后扎成大把。

（11）装桶包装。扎成把的肠衣，装在木制的“腰鼓形”的木桶内，桶内用塑料袋再衬白布袋，将肠衣在白布袋里由桶底逐层整齐地排列，每一层压实，撒上一层精盐。每桶 150 把，装足后注入清洁热盐卤 24°Be。最后加盖密封，并注明肠衣种类、口径、把数、长度、生产日期等。

（12）贮藏。肠衣装在木桶内，木桶应横放贮藏，每周滚动一次，使桶内卤水活动，防止肠衣变质。贮藏的仓库须清洁卫生、通风。温度要求在 0～10℃，相对湿度 85%～90%。还要经常检查和防止漏卤等。

【实训作业】

按实际操作过程写出实习报告（产品加工要点、结果分析等）。

参考文献

[1] 中国食品工业标准汇编：肉禽蛋及其制品卷[M]. 北京：中国标准出版社，1999.
[2] 陈伯祥. 肉与肉制品工艺学[M]. 南京：江苏科技出版社，1993.
[3] 蒋爱民. 畜产食品工艺学[M]. 北京：中国农业出版社，2000.
[4] 徐幸莲. 肉制品工艺学[M]. 南京：东南大学出版社，2000.
[5] 闵连吉. 肉类食品工艺学[M]. 北京：中国商业出版社，1991.
[6] 黄德智，张向生. 新编肉制品生产工艺与配方[M]. 北京：中国轻工业出版社，2000.
[7] 黄德智. 肉制品添加物的性能与应用[M]. 北京：中国轻工业出版社，2000.
[8] 金辅建，等. 肉制品加工手册[M]. 北京：中国轻工业出版社，1999.
[9] 马美湖. 现代畜产品加工学[M]. 长沙：湖南科学技术出版社，1997.
[10] 黄德智，张向生. 新编肉制品生产工艺与配方[M]. 北京：中国轻工业出版社，1998.
[11] 石永福，等. 肉制品配方 1 800 例[M]. 北京：中国轻工业出版社，1999.
[12] 吴祖兴，等. 现代食品生产[M]. 北京：中国农业大学出版社，2000.
[13] 南庆贤. 畜产品加工工艺学[D]. 北京：北京农业大学，1990.
[14] 骆承庠. 畜产品加工工艺学[M]. 北京：中国农业出版社，1988.
[15] 蒋爱民. 畜产食品工艺学[M]. 北京：中国农业出版社，2000.
[16] 东北农学院. 畜产品加工学[M]. 北京：中国农业出版社，2000.
[17] 田惠光. 食品安全控制关键技术[M]. 北京：科学出版社，2004.
[18] 陈锡文，邓楠. 中国食品安全战略研究[M]. 北京：化学工业出版社，2004.
[19] 许牡丹，毛跟年. 食品安全性与分析检测[M]. 北京：化学工业出版社，2003.
[20] 周光宏. 畜产品加工学[M]. 北京：中国农业出版社，2002
[21] 孔保华. 肉品科学与技术[M]. 北京：轻工出版社，2003.
[22] 葛长荣，刘希良. 肉品工艺学[M]. 昆明：云南科学技术出版社，1997.
[23] 周光宏. 肉品学[M]. 北京：中国农业科技出版社，1999.
[24] 刘志诚，等. 营养与食品卫生学[M]. 北京：人民卫生出版社，1987.
[25] 王雪青，等. 发酵香肠及微生物发酵剂（一）[J]. 食品与发酵工业，1998，24（2）：62.
[26] 马长伟，等. 发酵香肠及微生物发酵剂（二）[J]. 食品与发酵工业，1998，24（5）.